ΣBEST
シグマベスト

JN015006

トコトン算数

小学5年の 文章題ドリル

文英堂

この本の  組み立てと使い方

①〜㊸ ▶	練習問題で，1回分は2ページです。おちついて，問題を解いていきましょう。
問題 ▶	文章題の解き方を説明するための問題です。
考え方 ▶	文章題の解き方が，くわしく書かれています。しっかり読んで，考え方を身につけましょう。
答え ▶	問題 の答えです。

● 文章題で考える力をのばそう！

この本は，文章題を解くための基本となる考える力が確実に身につくように考えて作られています。文章をよく読んで，式をつくり，答えを出しましょう。

● 学習計画を立てよう！

1回分は見開き2ページで，44回分あります。無理のない計画を立て，学習する習慣を身につけましょう。

● 答え合わせをして，まちがい直しをしよう！

1回分が終わったら答え合わせをして，まちがった問題はもう一度やり直しましょう。まちがったままにしておくと，何度も同じまちがいをしてしまいます。どういうまちがいをしたかを知ることが考える力をアップさせるポイントです。

● 得点を記録しよう！

この本の後ろにある「学習の記録」に得点を記録しましょう。そして，自分の苦手なところを見つけ，それをなくすようにがんばりましょう。

●「トライ！」を読んで，より深く考える力をのばそう！

「ふしぎな三角形にトライ！」「地球の速さにトライ！」で，より深く考える力をのばし，どのような問題でも解くことができる力を身につけましょう。

もくじ

1 整数と小数

問題 次の計算をしましょう。

(1) 12.345 × 10　　(2) 12.345 ÷ 100

考え方 小数も整数と同じように，10倍すると1けた，100倍すると2けた位が上がり，10でわると1けた，100でわると2けた位が下がります。

小数点は右へうつる			小数点は左へうつる
10倍	0.012345	10でわる	
10倍	0.12345	10でわる	
10倍	1.2345	10でわる	
10倍	12.345	10でわる	
	123.45		

答え (1) 123.45　　(2) 0.12345

1 ジュースを0.175Lずつ，100人に配ります。ジュースはぜんぶで何Lいるでしょう。 [20点]

式

答え

2 テープが8.45mあります。これを10等分すると，1本は何mになるでしょう。 [20点]

式

答え

③ 377.6 を $\frac{1}{100}$ にした数を求めましょう。

[20点]

式 _____

答え _____

④ 1，4，7，0 の 4 つの数を，□.□□□ の □ にあてはめてできる小数第 3 位までの小数で，一番大きいものと，一番小さいものを答えましょう。

[20点]

一番大きいもの _____

一番小さいもの _____

⑤ 2，4，6，8，0 の 5 つの数を，□□.□□□ の □ にあてはめてできる小数第 3 位までの小数で，一番大きいものと，一番小さいものを答えましょう。

[20点]

一番大きいもの _____

一番小さいもの _____

2  体積 — ①

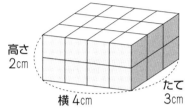

問題 たて3cm, 横4cm, 高さ2cmの直方体の体積を求めましょう。

考え方 １辺の長さが１cmの立方体の体積を１cm³, １辺の長さが１mの立方体の体積を１m³として, そのいくつ分であるかを求めます。たてに３個, 横に４個, 上に２個だから,

$$3 × 4 × 2 = 24(個)$$

よって, 体積は24cm³となります。

体積を求める公式は,

直方体の体積＝たて×横×高さ

立方体の体積＝１辺×１辺×１辺

答え 24cm³

1 たてが4cm, 横が6cm, 高さが5cmの直方体の体積は何cm³ですか。

[20点]

式

答え

2 １辺の長さが4cmの立方体の体積は何cm³ですか。

[20点]

式

答え

勉強した日　月　日

時間 **20分**　合格点 **80点**　答え 別さつ 2ページ　得点 点　色をぬろう 60 80 100

 たてが1.6cm, 横が3cm, 高さが2cmの直方体の体積は何cm³ですか。 [20点]

式

答え

 たてが50cm, 横が3m, 高さが2mの直方体の体積は何m³ですか。 [20点]

式

答え

 図のように, 直方体を半分に切った立体の体積を求めましょう。 [20点]

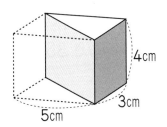

4cm
3cm
5cm

式

答え

3 体積 — ②

問題 右の図のような，厚さ1cmの板で
作った箱があります。この箱の容積は何L
ですか。

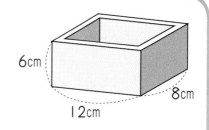

6cm
8cm
12cm

考え方 1L＝1000cm³ です。
板の厚さを考えると，箱の内側の長さは，
たてが8－2＝6(cm)，横が12－2＝10(cm)，高さが6－1＝5(cm)だから，
容積は

6×10×5＝300(cm³)　　　300cm³＝0.3L

答え 0.3L

1 直方体の箱の内側の長さをはかると，たてが6cm，横が8cm，
高さが7cm でした。この箱の容積は何cm³ でしょう。 [20点]

式

答え

2 直方体の水そうの内側の長さをはかると，たて30cm，横60cm，
高さ35cm でした。この水そうの容積は何Lですか。 [20点]

式

答え

③ 厚さ1cmの板で，たて18cm，横10cm，高さ8cmの入れ物を作りました。この入れ物の容積は何cm³ですか。　[20点]

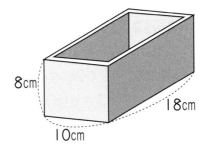

式

答え

④ 次の立体の体積を求めましょう。　[1問　20点]

(1)

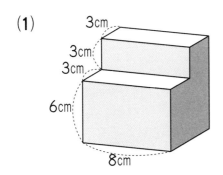

(2)

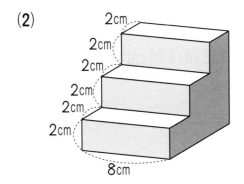

4 小数のかけ算・わり算 — ①

問題　1Lで2.7m²のかべをぬることのできるペンキがあります。このペンキ3.5Lでは，何m²のかべをぬることができますか。

考え方　1Lで2m²ぬることができるとき，3Lでは，

$$2 \times 3 = 6(m^2)$$

ぬることができます。**かける数が小数になっても，整数の場合と同じように式を立てます。**筆算で計算すると，右のようになり，

$$2.7 \times 3.5 = 9.45$$

となります。

答え　9.45m²

小数点より右にあるのは

```
    2.7 →│けた ┐
  ×  3.5 →│けた │
  ─────
    1 3 5
    8 1
  ─────
    9.4 5 ←
```

積の小数点は右から2けた

1 たてが3.6cm，横が4.7cmの長方形の面積は何cm²ですか。

[20点]

式

答え

2 1辺の長さが8.6cmの正方形の面積は何cm²ですか。

[20点]

式

答え

③ 1mの重さが3.5kgの鉄のパイプがあります。このパイプ4.2m
の重さは何kgになりますか。 [20点]

式

答え

④ お父さんの体重は72.5kgで，たかしくんの体重は，お父さん
の0.6倍です。たかしくんの体重は何kgでしょう。 [20点]

式

答え

⑤ 1Lのガソリンで9.6km走る車があります。ガソリンが残り4.3L
のとき，この車はあと何km走ることができますか。 [20点]

式

答え

小数のかけ算・わり算 — ②

問題 0.7mのパイプの重さをはかると，2.59kgでした。このパイプ1mの重さは何kgですか。

考え方 1mの重さを□kgとすると，3mの重さは，

□×3

で計算します。かける数が小数になっても，整数の場合と同じように式を立てますから，

□×0.7＝2.59

これより，

□＝2.59÷0.7＝3.7

となります。

答え 3.7kg

小数点を1けたずつ
右にうつす

```
           3.7
  0,7)2,5.9
        2 1
        ━━━
          4 9
          4 9
          ━━━
            0
```

わられる数の，右にうつした小数点にそろえて商に小数点を打つ

---

1 長さ25.5mのロープから，1.5mのロープは何本切り取ることができますか。

[20点]

式

答え

---

2 1歩の歩はばが0.6mの人は，25.8mを何歩で歩きますか。

[20点]

式

答え

③ たての長さが5.4cm, 面積が24.3cm²の長方形があります。この長方形の横の長さは何cmですか。 [20点]

式

答え

④ 小さい水そうには, 水が9.5Lはいります。これは, 大きい水そうの0.2倍です。大きい水そうには何Lの水がはいりますか。 [20点]

式

答え

⑤ 大小2つの鉄の玉があり, 重さは大きい方が17.6kg, 小さい方が6.2kgです。大きい方の重さは小さい方の何倍ですか。小数第1位までのがい数で答えましょう。 [20点]

式

答え

小数のかけ算・わり算 ── ③

1 4mの重さが10kgのパイプがあります。このパイプ8.4mの重さは何kgでしょう。 [15点]

式

答え

2 長さ30mのロープから，1.7mのロープは何本切り取ることができますか。また，何m余りますか。 [15点]

式

答え

3 たてが3.4cm，横が5.5cmの長方形があります。たての長さは横の長さのおよそ何倍ですか。小数第2位までのがい数で答えましょう。 [15点]

式

答え

④ 毎日，1周2.6kmのジョギングコースを4周走ります。25日間では何km走ることになりますか。 [15点]

式

答え

⑤ 重さ1.2kgと0.8kgの鉄の玉を，それぞれ48個つくるには，鉄は何kgいるでしょう。 [20点]

式

答え

⑥ 工夫して，右の図形の面積を求めましょう。 [20点]

式

答え

7  小数のかけ算・わり算 — ④

1 1mのねだんが72円のリボンを4.5m買って，400円出しました。おつりはいくらでしょう。 [15点]

式

答え

2 たてが1.25m，横が0.8mの長方形の面積は何m² ですか。 [15点]

式

答え

3 面積が63.08cm²の長方形があります。たての長さが7.6cmのとき，横の長さは何cmですか。 [15点]

式

答え

勉強した日　月　日
時間 20分　合格点 80点　答え 別さつ 5ページ　得点 点　色をぬろう 60 80 100

4 お肉が3.7kgあります。これを，１人に0.26kgずつ分けるとき，何人に分けられますか。また，何kg余りますか。

[15点]

式

答え

5 １mの重さが8.7gのはり金が14.3mあります。ここから1.6mのはり金を7本切り取りました。残ったはり金の重さは何gでしょう。

[20点]

式

答え

6 ある数を2.3でわるところを，まちがえて3.2でわったため，小数第１位までの商が1.5で，余りが0.03になりました。正しい答えをわり切れるまで計算しましょう。

[20点]

式

答え

合同な図形 — ①

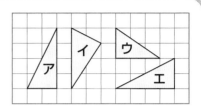

問題 右の図で，アの三角形と合同なものを選びなさい。

考え方 ぴったりと重なる2つの図形は**合同**であるといいます。うら返して重なる場合も合同です。

合同な2つの図形は，形も大きさも同じで，対応する辺の長さは等しく，対応する角の大きさは同じです。

答え エ

1 合同な図形を4組みつけましょう。

[1問 10点]

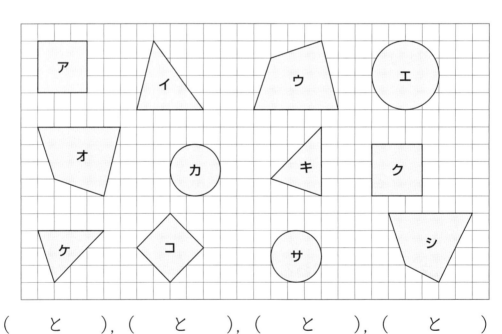

(と), (と), (と), (と)

2 右の図の，２つの四角形は合同です。このとき，次の問いに答えましょう。

[1問　10点]

(1) 辺CDに対応する辺はどれですか。

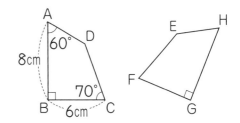

(2) 辺GHの長さは何cmですか。

(3) 角Fの大きさは何度ですか。

3 右の図の平行四辺形ＡＢＣＤで，対角線の交点をＯとするとき，次の三角形と合同な三角形を答えましょう。

[1問　10点]

(1) 三角形BCD

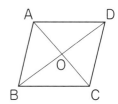

(2) 三角形OAD

(3) 三角形OCD

合同な図形 — ②

問題 右の図の三角形と合同な三角形をかくためには，どの2辺の長さがわかればよいか答えましょう。

考え方 次の(ア)，(イ)，(ウ)のうち，どれか1つわかれば，合同な三角形をかくことができます。

(ア) 3辺の長さ

(イ) 2辺の長さとその間の角の大きさ

(ウ) 1辺の長さとその両はしの角の大きさ

角Bの大きさが45°とわかっていますから，角Bをはさむ2辺の長さがわかれば，合同な三角形をかくことができます。

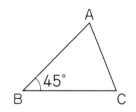

答え 辺ABと辺BC

---

1 3辺の長さが，ABは3cm，BCは5cm，CAは4cmである三角形ABCを，図の①～④の順にかきます。図を見て，次の（　）にあてはまる数または文字をかきましょう。

[1問　5点]

① （　　）cmの長さの直線をひき，両はしをB，（　　）とします。

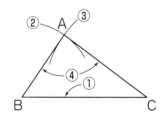

② コンパスを用いて，点（　　）から（　　）cmのところに印をつけます。

③ コンパスを用いて，点（　　）から（　　）cmのところに印をつけ，②でかいた印と交わったところを点（　　）とします。

④ 点Aと点B，点Aと点（　　）を直線で結びます。

2 次の図の合同な2つの三角形を，うら返さずに同じ長さの辺どうしを合わせて四角形を作るとき，どのような四角形ができるか答えましょう。

[1問　10点]

(1) 正三角形の辺を合わせてできる四角形

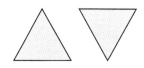

(2) 右の図の直角三角形で，一番短い辺を合わせてできる四角形

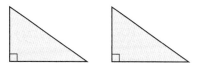

(3) (2)と同じ直角三角形で，一番長い辺を合わせてできる四角形

3 ADが2cm，ABが4cm，BCが4cmで，角Cと角Dが直角の台形があります。これを，次の図形に分けるとき，どのように分けるとよいか，図に線をかき入れましょう。

[1問　15点]

(1) 3つの合同な直角三角形に分ける

(2) 台形ABCDの各辺の長さを半分にした台形4つに分ける

(1)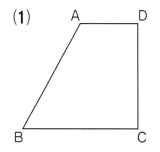

(2)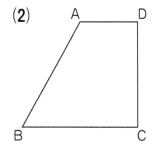

10 図形の角 — ①

問題 右の図の三角形で，角アは何度ですか。

考え方 三角形の3つの角の和は180°です

から，角アの大きさは，

　　　180° − 55° − 65° = 60°

となります。

答え 60°

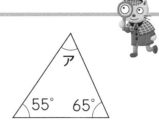

1 次の図で，アからカの角度は，それぞれ何度ですか。ただし，辺についている印は，辺の長さが等しいことを表しています。

[1問 5点]

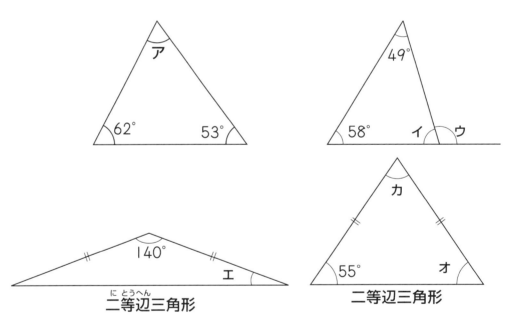

二等辺三角形

二等辺三角形

ア	イ	ウ
エ	オ	カ

2 正三角形の1つの角の大きさは何度ですか。 [20点]

式 _____

答え _____

3 次の図で，アからオの角度は，それぞれ何度ですか。 [1問　10点]

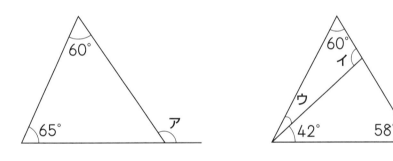

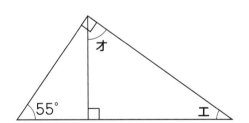

ア　　　　イ　　　　ウ
_____

エ　　　　　　　　オ
_____

図形の角 ― ②

問題 四角形の4つの角の和は何度ですか。

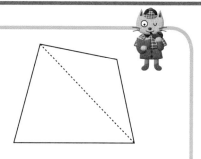

考え方 三角形の3つの角の和は180°です。
図のように，四角形は1本の対角線で2つ
の三角形に分けられますから，4つの角の和は，

180°×2＝360°

となります。

答え 360°

1 次の図で，アからカの角度は，それぞれ何度ですか。

[1問 5点]

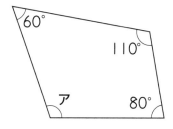

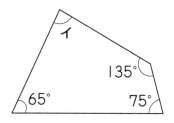

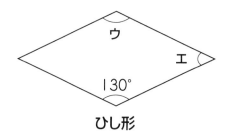

ひし形

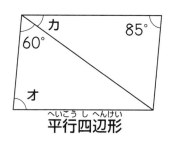

平行四辺形

ア	イ	ウ
エ	オ	カ

② 五角形の５つの角の和は何度ですか。 [20点]

③ 右の図は，１辺の長さが5cmのひし形で，角イは60°です。 [1問 10点]

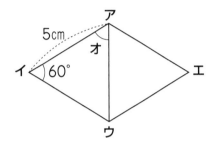

(1)　角オは何度ですか。

(2)　三角形アイウはどんな三角形ですか。

(3)　対角線アウは何cmですか。

④ 長方形の紙のはしを，図のように折りました。このとき，アとイの角は何度ですか。 [1問 10点]

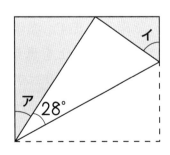

ア　　　　　　　　イ

ふしぎな三角形にトライ！

どのような三角形でも，3つの角の和は180°です。そうでないことがあるのでしょうか。

● 平面上の三角形は，どんな三角形でも3つの角の和は180°になります。まず，このことを確かめてみましょう。

● 右の図のように，三角形の1つの頂点を通り，対辺に平行な直線をひきます。このとき，角イと角オは同じ大きさです。

また，角アと角カも同じ大きさで，しかも，角カと角エは同じ大きさですから，角アと角エは同じ大きさになります。

したがって，

ア＋イ＋ウ＝エ＋オ＋ウ＝180°

つまり，**三角形の3つの角の和は180°**となるのです。

● では，世界旅行をしましょう。北極点からスタートして，そこから東経0度の線上を真南に進みます。とちゅう，イギリスのグリニッジ天文台，フランス，アルジェリアなどの国を通って南下します。赤道まで進むとそこで直角に曲がり，赤道上を真東に進みます。アフリカ大陸で，コンゴ，ケニアなどの国を通り，インド洋上の東経90度の地点まで進みます。そこでまた直角に曲がり，東経90度の線上を真北に進んで，中華人民共和国，ロシアを通って北上し，北極点にもどります。このとき，東経0度，赤道，東経90度の3本の「直線」でできる三角形について考えます。

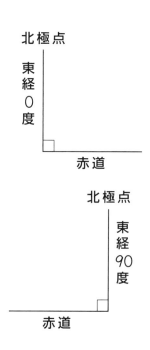

● 地球 1 周は，およそ4万kmです。この旅行では，1辺の長さが1万kmの正三角形のコースを通っていますから，

　　　1万km×3＝3万km

進んだことになります。

それぞれの角で，真南から真東，真東から真北へと，直角に曲がっています。また，右の図のように，東経0度の線と東経90度の線は，北極点で直角に交わっています。つまり，3つの角がすべて直角である三角形になっているのです。すると，3つの角の和は，

　　　90°×3＝270°

となります。

● どうしてそうなるのかを考えてみましょう。それは，この三角形が，地球という**球面上**にかかれたものだからです。旅行中はまっすぐに進んでいるつもりでも，3本の辺は，実際には直線ではなく，円周の一部であり，角度をはかるにも，球面上では分度器できちんとはかれませんから，たとえば角度をはかりたい周辺の写真をとって，写真という平面上で角度をはからなければならないのです。このように，「球面上の三角形である」ということは「平面上の三角形である」ということとはちがったことであり，平面上の三角形では3つの角の和は必ず180°になりますが，球面上では180°より大きくなるのです。

● ふだん，学校のグラウンドでは「平面」上を走っているつもりでも，この世界旅行のように1万kmという長さを考えると，あらためて地球は「曲面」であるということを感じてしまいます。

倍数と約数 — ①

問題 1から50までの整数のうち，4の倍数はいくつありますか。

考え方 4に整数をかけた数を4の**倍数**といいます。ただし，0はのぞきます。

50を4でわると，

50÷4＝12余り2

これより，1から50までの4の倍数は，

4×1＝4，4×2＝8，4×3＝12，…，4×12＝48

の12個です。

答え 12個

1 8の倍数を，小さい順に3つ書きましょう。

[25点]

答え

2 1から60までの整数のうち，7の倍数はいくつありますか。

[25点]

答え

問題　6と9の公倍数を，小さい順に3つ書きましょう。

考え方　6と9の両方の倍数になっている数を，6と9の**公倍数**といい，公倍数の中で一番小さい数を**最小公倍数**といいます。

9の倍数を小さい順に書くと，

　　9，18，27，36，45，54，…

この中で，6の倍数にもなっている一番小さい数は18ですから，最小公倍数は18です。**公倍数は最小公倍数の倍数**ですから，18の倍数を小さい順に3つ答えます。

答え　18，36，54

3　15と18の最小公倍数を求めましょう。　[25点]

　　　答え _____

4　12と16の公倍数を，小さい順に3つ書きましょう。　[25点]

　　　答え _____

 **13** 倍数と約数 — ②

問題 81の約数は何個あるでしょう。

考え方 81をわり切ることのできる整数を81の**約数**といいます。

81の約数は1，3，9，27，81の5個です。

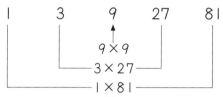

81＝9×9で，同じ数の積になっています。このような数は約数を奇数個持ちます。そうでない数は，約数を偶数個持ちます。

答え 5個

1 72の約数をすべて書きましょう。また，約数はぜんぶで何個でしょう。

[25点]

答え _____

2 64の約数をすべて書きましょう。また，約数はぜんぶで何個でしょう。

[25点]

答え _____

勉強した日　　月　　日

時間 **20分**　合格点 **80点**　答え 別さつ **9ページ**　得点 点　色をぬろう 60 80 100

問題 36と60の公約数をすべて書きましょう。

考え方 36と60の両方の約数になっている数を，36と60の**公約数**といい，公約数の中で一番大きい数を**最大公約数**といいます。

36の約数をすべて書くと，

　　1，2，3，4，6，9，12，18，36

この中で，60をわり切る一番大きい数は12ですから，最大公約数は12です。

公約数は最大公約数の約数ですから，12の約数をすべて答えます。

答え 1，2，3，4，6，12

 24と42の最大公約数を求めましょう。　　[25点]

答え

 54と81の公約数をすべて書きましょう。　　[25点]

答え

14 倍数と約数 —— ③

1 ある駅から北町行きのバスは9分ごとに，南町行きのバスは15分ごとに発車します。午前8時に北町行きのバスと南町行きのバスが同時に発車しました。この次に同時に発車するのは何時何分でしょう。 [15点]

答え _____

2 かなこさんの組の人数は20人から40人の間で，6人ずつでも9人ずつでも，ちょうど分かれることができます。組の人数は何人でしょう。 [15点]

答え _____

3 画用紙で，たて8cm，横12cmの長方形をたくさんつくりました。この長方形を右の図のように同じ向きにならべていって，できるだけ小さい正方形をつくります。正方形の1辺の長さは何cmになるでしょう。 [20点]

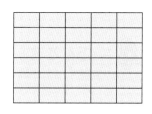

答え _____

4 4でわっても，6でわっても3余る2けたの整数のうち，一番小さいものを求めましょう。 [15点]

答え

5 画用紙を右の図のように切って，同じ大きさで，できるだけ大きい正方形に分けます。たて42cm，横54cmの画用紙を切るとき，正方形の1辺の長さは何cmになるでしょう。 [15点]

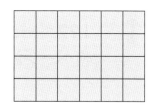

答え

6 2けたの整数のうち，4でも5でもわり切れない数はいくつありますか。 [20点]

答え

15 平均 — ①

問題 次の6つの数の平均を求めましょう。

34, 42, 36, 38, 41, 37

考え方 いくつかの数量を等しい大きさになるようにならしたものを**平均**といいます。平均は次の式で求めます。

平均＝合計÷個数

問題の6つの数の平均は,

(34 + 42 + 36 + 38 + 41 + 37) ÷ 6 = 228 ÷ 6 = 38

答え 38

---

1 192ページの本を8日で読みました。1日あたり, 平均して何ページ読んだでしょう。 [20点]

式

答え

---

2 1年生から6年生までの先週の欠席者数を調べました。

月…11人, 火…9人, 水…13人, 木…10人, 金…12人

1日あたり, 平均して何人欠席したでしょう。 [20点]

式

答え

3 算数のテストが4回ありました。1回目は82点，2回目は74点，3回目は77点，4回目は73点でした。平均すると何点でしょう。わり切れるまで計算しましょう。 [20点]

式

答え

4 6個のたまごの重さをはかると，60g，62g，63g，59g，57g，61gでした。平均は何gでしょう。四捨五入して小数第1位まで求めましょう。 [20点]

式

答え

5 よしこさんは3日間で本を42ページ読みました。この調子で残り182ページを読むには，あと何日かかりますか。 [20点]

式

答え

 16 平均 — ②（平均算）

問題 国語のテストが4回あり，4回の平均は78点でした。5回目に何点とれば，5回の平均がちょうど80点になるでしょう。

考え方 平均＝合計÷個数の式から，次の式が成り立ちます。

合計＝平均×個数 個数＝合計÷平均

4回のテストの合計点は，78×4＝312(点)

5回のテストの平均が80点のとき，5回の合計点は，

80×5＝400(点)

これより，5回目にとる点数は，400－312＝88(点)

答え 88点

1 きのうまでの3日間で，1日平均して15ページ本を読みました。今日，23ページ読むと，4日間の平均は何ページになるでしょう。

[20点]

式

答え

2 算数のテストがありました。1組は24人で平均は70点，2組は26人で平均は75点でした。1組と2組を合わせて考えると，平均は何点でしょう。

[20点]

式

答え

3 算数のテストが5回あり，5回の平均（へいきん）は77点でした。6回目に何点とると，6回の平均が80点になりますか。　[20点]

式（しき）

答え

4 色紙を，姉は55まい，妹は39まい持（も）っています。姉が妹に何まいあげると，2人の色紙のまい数が同じになるでしょう。

[20点]

式

答え

5 おはじきを，あきこさんは72個（こ），よしこさんは58個，けいこさんは62個持っています。3人のおはじきの数が同じになるようにするには，あきこさんはよしこさんとけいこさんにおはじきを何個あげればよいでしょう。　[20点]

式

答え

17  単位量あたり ― ①

問題 45Lのガソリンで540km走る車があります。この車は，ガソリン1Lあたり何km走るでしょう。

考え方 1Lあたり□km走るとすると，45Lで540km走るから，

□×45＝540

これより，

□＝540÷45＝12

答え 12km

1 1ダースで816円のえんぴつがあります。1本あたりいくらでしょう。 [20点]

式

答え

2 1組の花だんは6m²で，花が51本植えてあります。2組の花だんは7m²で，花が63本植えてあります。花がこんでいるのはどちらの花だんですか。 [20点]

式

答え

③ 赤いリボンは3mで240円，青いリボンは5mで425円，黒いリボンは7mで525円です。1mあたりのねだんが一番高いのは何色のリボンでしょう。 [20点]

式

答え

④ 250gで450円のお肉は100gあたり何円になるでしょう。 [20点]

式

答え

⑤ 去年は16m²の花だんに72本の花を植えました。今年は花だんの面積が24m²になりました。去年と同じこみぐあいで花を植えるには，何本植えるとよいでしょう。 [20点]

式

答え

18 単位量あたり ── ②

問題 栃木県(とちぎけん)の面積(めんせき)は6408km²で，2018年の人口は1952926人でした。
上から2けたのがい数にして，人口密度(みつど)を求(もと)めましょう。

考え方 1km²あたりの人口を，**人口密度**といいます。つまり，

人口密度＝人口÷面積

上から2けたのがい数にすると，

6408km² → 6400km²，1952926人 → 2000000人

ですから，人口密度は，

2000000 ÷ 6400 ＝ 312.5

答え およそ310人

1 ある市の面積は360km²で，人口は108000人です。人口密度を求めましょう。 [20点]

式

答え

2 茨城県(いばらき)の面積は，およそ6100km²です。2018年の人口密度はおよそ470人でした。この年の人口はおよそ何人ですか。上から2けたのがい数で答えましょう。 [20点]

式

答え

❸ 家族4人で，320kmはなれたスキー場へ行きました。とちゅうでガソリンスタンドへ行き，ガソリンを48L入れました。代金は6240円でした。このとき，次の問いに答えましょう。 ［1問 20点］

(1) ガソリンは，1Lあたり何円でしょう。

式

答え

(2) ガソリンを入れたとき車のメーターを見ると，48Lで384km走ったことがわかりました。ガソリン1Lあたり何km走りましたか。

式

答え

(3) スキー場までの往復で，ガソリンは何L使うでしょう。

式

答え

19  速さ ―①

問題 ある電車は，3時間で204km走りました。この電車の速さは時速何kmでしょう。

考え方 単位時間あたりに進む道のりを**速さ**といいます。つまり，

速さ＝道のり÷時間

1時間あたりに進む道のりを**時速**，1分間あたりに進む道のりを**分速**，1秒間あたりに進む道のりを**秒速**といいます。

3時間で204km走ったから，時速は，

204 ÷ 3 ＝ 68

答え 時速68km

1 車で，高速道路を54km走るのに45分間かかりました。この車は分速何mで走ったでしょう。 [20点]

式

答え

2 新幹線が，時速216kmで走っています。これは，分速何kmですか。また，秒速何mですか。 [20点]

式

答え

③ みつきさんは531m歩くのに9分かかりました。ゆきこさんは825m歩くのに15分かかりました。どちらが速く歩くでしょう。 [20点]

式

答え

④ 15分間で525まい印刷できる印刷機があります。この印刷機は1分間に何まい印刷できますか。 [20点]

式

答え

⑤ 90Lの水がはいる水そうにホースで水を入れると，12分でいっぱいになりました。このホースから出る水の量は1分間につき何Lですか。 [20点]

式

答え

 速さ ── ②

問題 駅まで分速60mで歩くと，ちょうど17分かかりました。駅までの道のりは何mですか。

考え方 速さ＝道のり÷時間から，次の式が成り立ちます。

道のり＝速さ×時間

このとき，速さと時間で「時・分・秒」をそろえます。

駅までの道のりは，

60 × 17 ＝ 1020（m）

となります。

答え 1020m

1 時速35kmの車で5時間走ると，何km走ることになりますか。

[20点]

式

答え

2 気温が14度のとき，音の伝わる速さはおよそ秒速340mです。8秒間では，およそ何m伝わるでしょう。

[20点]

式

答え

3 秒速5mで走るマラソン選手は，20分で何km走るでしょう。

[20点]

式 _____

答え _____

4 35kmの道のりを50分で走るバスがあります。このバスで1時間10分走ると，何km進むでしょう。

[20点]

式 _____

答え _____

5 たかしくんは，午前10時に時速3.4kmの速さで歩き始め，午前11時30分におじさんの家に着きました。たかしくんの家からおじさんの家まで何kmでしょう。

[20点]

式 _____

答え _____

21 速さ — ③

問題　学校までの道のりは600mです。分速40mで歩くと，何分かかりますか。

考え方　道のり＝速さ×時間の式で，時間を□で表して式を立て，□にあてはまる数を求めます。

時間＝道のり÷速さから，求めることもできます。

学校まで□分かかるとすると，

40×□＝600

□＝600÷40＝15

となります。

答え　15分

1 駅までの648mの道のりを分速54mで歩くと，何分かかるでしょう。　[20点]

式

答え

2 1周1.2kmのジョギングコースを，分速150mで2周走ると，何分かかるでしょう。　[20点]

式

答え

③ 秒速5mで走るマラソン選手は，12kmの道のりを何分で走るでしょう。 [20点]

式

答え

④ 時速18kmの自転車で3時間かかる道のりを，時速36kmの自動車で行くと何時間何分かかるでしょう。 [20点]

式

答え

⑤ 1周2.4kmのジョギングコースがあります。おさむくんは分速155m，たかしくんは分速145mで，同時に同じところから反対方向に走り始めました。2人は何分後に出会うでしょう。 [20点]

式

答え

地球の速さにトライ！

地球は1日に1回転しています。いったい、どれくらいの速さでまわっているのか、調べてみましょう。

● 光は1秒間に地球のおよそ7周半にあたるきょりを進みます。光の速さはおよそ秒速30万kmで、地球1周がおよそ4万kmですから、

30万÷4万＝7.5

となり、7周半になるのです。

● では、なぜ地球1周は4万kmなのでしょう。それは、そうきめたからです。1793年にフランス共和国政府によって、次のことがきめられました。

パリを通過する子午線の、北極から赤道までの長さの $\dfrac{1}{10000000}$ を1m

と定める。

このことから、北極から赤道までの長さが、

10000000m＝10000km

となります。地球1周は北極から赤道までの長さの4倍ですから、

1万km×4＝4万km

となるのです。
現在使われている1mは、1983年の国際会議できめられた

光が真空中を $\dfrac{1}{299792458}$ 秒間に進む長さ

というものです。

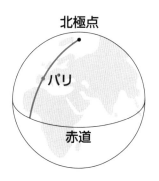

北極点
パリ
赤道

● 地球は1日で1回転します。したがって、赤道上にいる人は、1日で4万kmも移動していることになるのです。それは、どのくらいの速さなのかを計算してみましょう。

● 速さを求める公式は，次の式です。

速さ＝道のり÷時間

1日は24時間ですから，地球が回転する速さを時速で表すと，

$$40000 \div 24 = 1666.6\cdots$$

つまり，およそ時速1667kmです。

時速240kmで走る新幹線とくらべると，

$$1667 \div 240 = 6.9\cdots$$

ですから，地球は新幹線のおよそ7倍の速さで回転しているのです。

● さらに，分速で表すと，1時間は60分ですから，

$$40000 \div 24 \div 60 = 27.7\cdots$$

つまり，およそ分速28kmになります。

人は1時間におよそ4km歩きます。地球は，人が1時間に歩くきょりの7倍のきょりを1分間で回転するのです。

● さらに，秒速で表してみましょう。1分は60秒ですから，

$$40000 \div 24 \div 60 \div 60 = 0.46296\cdots$$

長さの単位をmにすると，およそ秒速463mとなります。

地球で最も速く走る人は，100mをおよそ10秒で走ります。その速さを求めると，

$$100 \div 10 = 10$$

より，およそ秒速10mです。

最も速い人とくらべても，地球の回転する速さはそのおよそ46倍になるのです。

● そんな速さで地球は回転しているのに，地球が動いていることを人は感じません。ふしぎなものですね。

22 変わり方

問題 １辺の長さが○cmの正三角形のまわりの長さを□cmとするとき，○と□の関係を表す式を求めましょう。

考え方 　正三角形は，３辺とも同じ長さです。まわりの長さは，

まわりの長さ＝１辺の長さ×３

で求められます。この関係を○と□で表します。

答え 　□＝○×３

1 次の問いに答えましょう。

[1問　10点]

(1) １辺の長さが○cmの正方形のまわりの長さを□cmとするとき，○と□の関係を式で表しましょう。

(2) 12本のえんぴつを，姉が○本，妹が□本に分けるとき，○と□の関係を式で表しましょう。

(3) たてが○cm，横が4cmの長方形のまわりの長さを□cmとするとき，○と□の関係を式で表しましょう。

(4) たてが○cm，横が□cmの長方形の面積が16cm²のとき，○と□の関係を式で表しましょう。

勉強した日　月　日

時間 **20分**　合格点 **80点**　答え 別さつ **16ページ**　得点 点　色をぬろう ☆ ☆ ☆ 60 80 100

2 長さが1cmのストローをならべて，下の図のように正方形をならべた形をつくります。○個の正方形をつくるときの，1cmのストローの本数を□本として，次の問いに答えましょう。

[1問 12点]

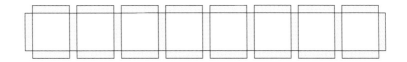

(1) 正方形の数とストローの数について，表にまとめましょう。

正方形の数　○	1	2	3	4	5
ストローの数　□					

(2) 正方形の数が1ふえると，ストローの数はどうなりますか。

(3) ○と□の関係を式で表しましょう。

(4) 正方形が8個のとき，ストローは何本いるでしょう。

(5) ストローが64本あるとき，正方形は何個できるでしょう。

 **23** 分数と小数

問題 分数は小数に，小数は分数に直しましょう。

(1) $\dfrac{5}{8}$　　(2) 0.03

考え方 (1) 分数を小数に直すには，分子を分母でわります。

$$\dfrac{5}{8}＝5÷8＝0.625$$

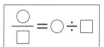

$$\dfrac{○}{□}＝○÷□$$

(2) 小数を分数に直すには，10や100を分母にします。

$$0.03＝3÷100＝\dfrac{3}{100}$$

答え (1) 0.625　　(2) $\dfrac{3}{100}$

1 分数は小数に，小数は分数に直しましょう。

［1問　6点］

(1) $\dfrac{4}{5}$

(2) $\dfrac{9}{6}$

(3) $\dfrac{3}{4}$

(4) $\dfrac{21}{12}$

(5) 0.7

(6) 0.23

(7) 0.09

(8) 0.103

2 $\frac{9}{7}$ は，どれくらいの大きさですか。小数第4位を四捨五入して，小数第3位までのがい数で答えましょう。　　[12点]

3 2Lのジュースを5人で同じ量ずつ分けます。　　[1問　10点]

(1)　1人分は何Lですか。分数で答えましょう。

(2)　1人分は何Lですか。小数で答えましょう。

4 塩が4kg，さとうが9kgあります。　　[1問　10点]

(1)　塩の重さは，さとうの重さの何倍ですか。分数で答えましょう。

(2)　さとうの重さは，塩の重さの何倍ですか。分数で答えましょう。

分数のたし算・ひき算 ― ①

問題 $\frac{5}{12}$ 時間は何分でしょう。

考え方 $\frac{1}{60}$ 時間＝1分です。

分数で表された時間は，**分母が60になるように通分する**と，分で表すことができます。

$$\frac{5}{12} = \frac{5 \times 5}{12 \times 5} = \frac{25}{60}$$

より，25分です。

答え 25分

1 $\frac{3}{5}$ 時間は，何分ですか。

[20点]

式 _____

答え _____

2 $\frac{4}{15}$ 分は，何秒ですか。

[20点]

式 _____

答え _____

$\dfrac{2}{3}$ と等しい分数を，分母の数が小さい順に3つ答えましょう。

[20点]

答え

 $\dfrac{4}{3}$ と $\dfrac{5}{4}$ は，どちらが大きいでしょう。

[20点]

答え

 $\dfrac{2}{3}$ より大きく，$\dfrac{3}{4}$ より小さい分数で，分母が24の分数を求めましょう。

[20点]

答え

25 分数のたし算・ひき算 ── ②

1 $\frac{1}{8}$kgの重さの入れ物に, さとうを$\frac{3}{4}$kg入れました。全体で何kgになったでしょう。　　　　　　　　　　　[15点]

式

答え

2 家から学校までは$\frac{3}{5}$km, 学校から駅までは$\frac{2}{3}$kmです。家から学校を通って駅へ行くときの道のりは何kmでしょう。　[15点]

式

答え

3 姉はリボンを$\frac{6}{7}$m, 妹は$\frac{5}{9}$m持っています。姉の方が何m長いでしょう。　　　　　　　　　　　　　　　　[15点]

式

答え

④ 国語を $\frac{7}{12}$ 時間, 算数を $\frac{3}{4}$ 時間勉強しました。合わせて何時間勉強したでしょう。 [15点]

式 _____

答え _____

⑤ ジュースが $\frac{7}{8}$ L, 牛にゅうが $\frac{8}{9}$ Lあります。どちらが何L多いでしょう。 [20点]

式 _____

答え _____

⑥ 3辺の長さが $\frac{3}{2}$ cm, $\frac{4}{3}$ cm, $\frac{5}{6}$ cmの三角形があります。この三角形のまわりの長さは何cmですか。 [20点]

式 _____

答え _____

26 四角形・三角形の面積 — ①

問題 底辺の長さが4cm，高さが3cmの平行四辺形の面積を求めましょう。

考え方 右の図から，

平行四辺形の面積＝底辺×高さ

です。これより，

$4 \times 3 = 12 (cm^2)$

となります。

答え 12cm²

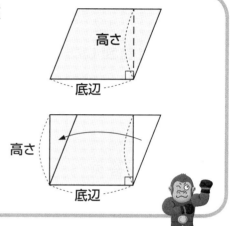

 次の平行四辺形の面積を求めましょう。

［1問 10点］

(1)
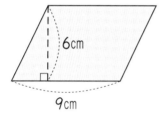
6cm
9cm

答え ＿＿＿＿＿＿＿

(2)

2.5cm
4cm

答え ＿＿＿＿＿＿＿

(3)
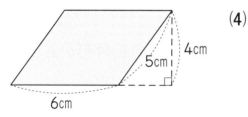
4cm
5cm
6cm

答え ＿＿＿＿＿＿＿

(4)
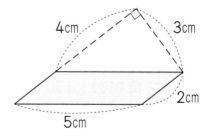
4cm
3cm
2cm
5cm

答え ＿＿＿＿＿＿＿

2 底辺の長さが4.8cm, 高さが3.7cmの平行四辺形の面積を求めましょう。 [20点]

式 _____

答え _____

3 底辺の長さが9cm, 面積が36cm²の平行四辺形があります。この平行四辺形の高さを求めましょう。 [20点]

式 _____

答え _____

4 高さが7cm, 面積が37.1cm²の平行四辺形があります。この平行四辺形の底辺の長さを求めましょう。 [20点]

式 _____

答え _____

27 四角形・三角形の面積 — ②

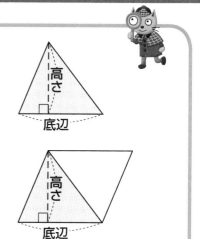

問題 底辺の長さが4cm，高さが3cmの三角形の面積を求めましょう。

考え方 平行四辺形を対角線で切ると，合同な三角形が2つできます。このことから，三角形の面積は，平行四辺形の面積の半分です。つまり，

三角形の面積＝底辺×高さ÷2

これより，4×3÷2＝12÷2＝6(cm²)

答え 6cm²

 次の三角形の面積を求めましょう。

[1問 10点]

(1)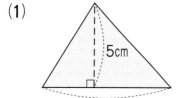
5cm
8cm

答え

(2)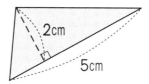
2cm
5cm

答え

(3)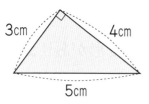
3cm 4cm
5cm

答え

(4)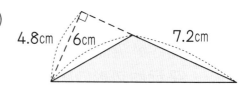
4.8cm 6cm 7.2cm

答え

2 底辺の長さが5.2cm，高さが4.6cmの三角形の面積を求めましょう。 [20点]

式

答え

3 底辺の長さが6cm，面積が24cm²の三角形があります。この三角形の高さを求めましょう。 [20点]

式

答え

4 高さが8cm，面積が36cm²の三角形があります。この三角形の底辺の長さを求めましょう。 [20点]

式

答え

 ## 四角形・三角形の面積 ── ③

問題 上底が6cm，下底が8cm，高さが4cmの台形の面積を求めましょう。

考え方 台形の平行な2辺を**上底**，**下底**といい，上底と下底を垂直に結ぶ直線の長さを**高さ**といいます。同じ形の台形2個を，1つを上下さかさまにして図のようにならべると，平行四辺形になります。台形の面積は，この平行四辺形の面積の半分です。

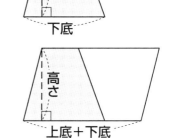

つまり，

　　　台形の面積＝(上底＋下底)×高さ÷2

これより，

　　　(6＋8)×4÷2＝14×4÷2＝56÷2＝28(cm²)

答え　28cm²

---

1 次の台形の面積を求めましょう。

[1問　20点]

(1)
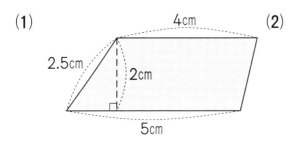

(2)
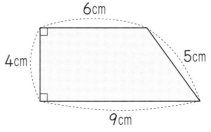

答え _____

答え _____

次の図形の面積を求めましょう。

[1問　20点]

(1)

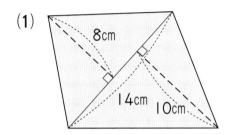

答え _____

(2)

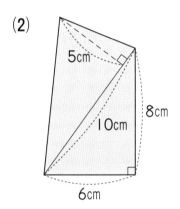

答え _____

(3)

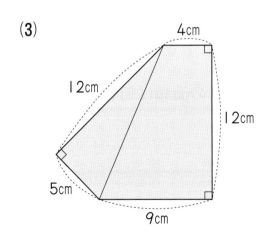

答え _____

29 四角形・三角形の面積 ― ④

問題 2本の対角線の長さが3cmと4cmで
あるひし形の面積を求めましょう。

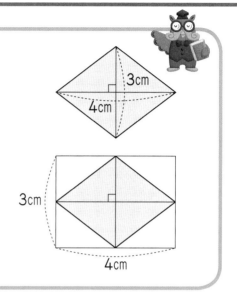

考え方 図のように，対角線と同じ長さの辺
をもつ長方形をかきます。ひし形の面積は，
この長方形の面積の半分です。つまり，

ひし形の面積＝対角線×対角線÷2

これより，

$3 \times 4 \div 2 = 12 \div 2 = 6 (cm^2)$

答え 6cm²

---

1 2本の対角線の長さが7cmと8cmであるひし形の面積は何cm²
ですか。

[20点]

式

答え

---

2 対角線の長さが5cmである正方形の面積は何cm²ですか。

[20点]

式

答え

③ 次の図で，色をぬった部分の面積を，長方形の面積から三角形の面積を
ひいて求めましょう。

[1問　20点]

(1)

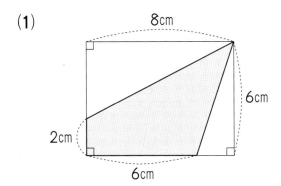

答え _____

(2)

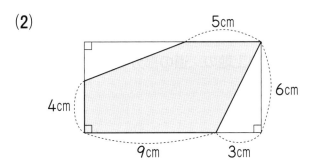

答え _____

(3)

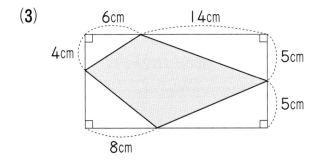

答え _____

30 四角形・三角形の面積 — ⑤

問題 右の図のような平行四辺形の土地の，道をのぞいた部分の面積を求めましょう。

考え方 図のように，道の部分をのぞいて考えると，底辺の長さが 14m，高さが 12m の平行四辺形になりますから，面積は，

14 × 12 ＝ 168(m²)

となります。

答え 168m²

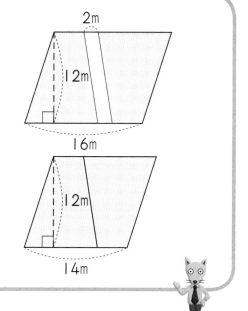

1 次のような長方形や平行四辺形の土地の，道の部分をのぞいた部分の面積を求めましょう。

[1問 20点]

(1)

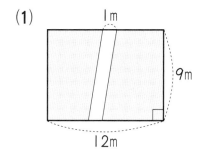

(2)

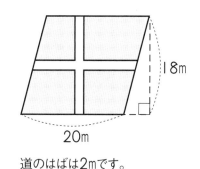

道のはばは2mです。

答え _____   答え _____

2 底辺の長さが〇cmで，高さが4cmの三角形の面積を□cm²として，次の問いに答えましょう。

[1問　15点]

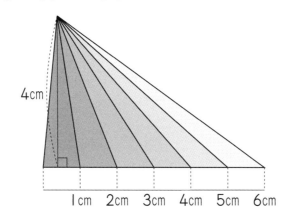

4cm

1cm　2cm　3cm　4cm　5cm　6cm

(1) 底辺の長さが1cm，2cm，3cm，4cm，5cm，6cmのときの面積を求め，表にまとめましょう。

底辺　〇(cm)	1	2	3	4	5	6
面積　□(cm²)						

(2) 〇と□の関係を式で表しましょう。

(3) 底辺の長さが2倍になると，面積はどうなりますか。

(4) 面積は，底辺の長さに比例しますか。

31  割合とそのグラフ ―― ①

問題 5年2組は40人で，男子は22人，女子は18人です。この組の男子の割合を求めましょう。

考え方 ある量をもとにして，くらべられる量がもとにする量の何倍であるかを表した数を**割合**といいます。つまり，

割合＝くらべられる量÷もとにする量

男子は，40人のうち22人ですから，

22÷40＝0.55

答え 0.55

1 計算問題が120問あります。そのうち48問終わりました。120問のうち，計算が終わった問題の割合を求めましょう。

[25点]

式

答え

2 500mLのジュースのうち，180mL飲みました。残っているジュースの割合を求めましょう。

[25点]

式

答え

勉強した日　月　日　　時間 ⑳分　合格点 ⑳点　答え 別さつ20ページ　得点　点　　色をぬろう 60 80 100

問題　食塩水280gのうち，とけている食塩の割合は0.2です。この食塩水にとけている食塩は何gでしょう。

考え方　割合は，くらべられる量がもとにする量の何倍であるかを表した数ですから，

　　　くらべられる量＝もとにする量×割合

つまり，**割合はもとにする量にかけるもの**です。

もとにする量は280で割合は0.2ですから，食塩の量は，

　　280×0.2＝56

答え　56g

3　80人のうち，ある問題ができた人の割合は0.7でした。この問題ができた人は何人ですか。　　[25点]

式

答え

4　240ページの本を読んでいます。そのうちの読んだページの割合が0.75のとき，読んだページは何ページでしょう。　[25点]

式

答え

32  割合とそのグラフ ── ②

問題 組では，スキーをしたことがある人の割合は0.25で，人数は9人でした。このとき，組全体の人数を求めましょう。

考え方 組全体の人数を□人とすると，

□×0.25＝9

となります。□にあてはまる数を求めると，

□＝9÷0.25＝36

このように，**もとにする量を□として式をつくる**と求めやすくなります。

答え 36人

1 ある花だんで，ひまわりが植えられている面積は，花だん全体の0.6の割合で42㎡です。この花だんの面積は何㎡でしょう。

[25点]

式

答え

2 今日の欠席者は3人で，これは組全体の0.12の割合です。この組の人数は何人でしょう。

[25点]

式

答え

問題　ある品物の定価は800円ですが，今日だけ15%安くなるそうです。

何円安くなるでしょう。

考え方　割合を表す0.01を1パーセントといい，1%とかきます。

パーセントで表した割合のことを，**百分率**といいます。

また，0.1を1割，0.01を1分，0.001を1厘として表した割合を歩合といいます。

15%を小数で表すと，0.15ですから，

　　800×0.15＝120

このように，百分率は小数に直して計算します。

答え　120円

③　打数のうちの安打数の割合を打率といいます。40打数17安打のとき，打率は何割何分何厘でしょう。　[25点]

式

答え

④　700円のシャツを30%引きで買います。いくらで買うことになりますか。　[25点]

式

答え

33 割合とそのグラフ ── ③

1 定価600円のスケッチブックを330円で買いました。定価の何％で買いましたか。 [15点]

式

答え

2 ある工場では、5月中に2600台のテレビを作りました。6月は5月より15％だけ多く作ります。6月は何台作るでしょう。 [15点]

式

答え

3 本を96ページ読みました。これはその本のページ数の40％にあたります。この本はぜんぶで何ページでしょう。 [20点]

式

答え

④ 170gの水に30gの食塩をとかしました。この食塩水のうちの食塩の割合は何％でしょう。 [20点]

式

答え

⑤ ある品物を1500円で仕入れ，30％の利益をふくめて定価をつけました。しかし，なかなか売れないので，定価の20％引きで売りました。 [1問　15点]

(1) 定価はいくらですか。

式

答え

(2) 利益はいくらですか。

式

答え

34 割合とそのグラフ ― ④

1 下の図は，1時間に学校の前を通った 200 台について，その種類を整理して帯グラフにしたものです。

［1問 10点］

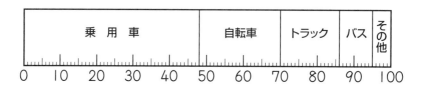

(1) 乗用車は全体の何％ですか。

(2) 乗用車は何台通りましたか。

(3) その他は何％ですか。

(4) 自転車は何台通りましたか。

(5) バスは何台通りましたか。

2 右の円グラフは，ある市にある小売店を種類別に調べたものです。このとき，次の問いに答えましょう。
[1問　10点]

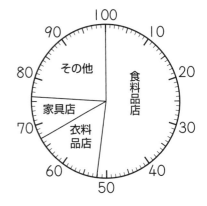

(1) 衣料品店は全体の何％ですか。

(2) 家具店は全体の何％ですか。

(3) 小売店がぜんぶで700店のとき，食料品店は何店ですか。

(4) 家具店が54店のとき，小売店はぜんぶで何店ですか。

(5) その他が180店のとき，食料品店は何店ですか。

35 正多角形と円 — ①

問題 円を利用して正八角形をかきました。図のアの角の大きさは何度ですか。

考え方 多角形のうち，辺の長さがすべて等しく，角の大きさがすべて等しいものを**正多角形**といいます。

右の図で，円の中心と正八角形の頂点を結んでできる8つの三角形は合同ですから，アの角の大きさは

$$360° \div 8 = 45°$$

答え 45°

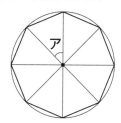

1 右の図のように，円を利用して正五角形をかきました。このとき，次の問いに答えましょう。

[1問 10点]

(1) アの角の大きさは何度ですか。

(2) 三角形OABは，どんな三角形ですか。

(3) イの角の大きさは何度ですか。

(4) ウの角の大きさは何度ですか。

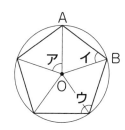

② 右の図は，1辺の長さが4cmの正六角形です。このとき，次の問いに答えましょう。

［1問　10点］

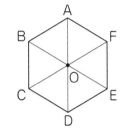

(1)　正六角形のまわりの長さは何cmですか。

(2)　三角形OABは，どんな三角形ですか。

(3)　対角線ADの長さは何cmですか。

③ 右の図の正八角形について，次の問いに答えましょう。　［1問　10点］

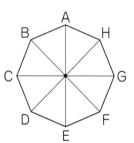

(1)　4点A，C，E，Gを結んでできる四角形ACEGは，どんな四角形ですか。

(2)　4点B，C，F，Gを結んでできる四角形BCFGは，どんな四角形ですか。

(3)　3点B，C，Gを結んでできる三角形BCGは，どんな三角形ですか。

36 正多角形と円 ── ②

問題　正九角形の１つの角の大きさは何度ですか。

考え方　右の図のように，九角形の１つの頂点から
対角線をひくと，７個の三角形に分けられますから，
九角形の９個の角の和は

$$180° × 7 = 1260°$$

これより，正九角形の１つの角の大きさは

$$1260° ÷ 9 = 140°$$

答え　140°

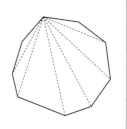

1 次の問いに答えましょう。 ［1問　10点］

(1) 七角形の７個の角の和は何度ですか。

(2) 八角形の８個の角の和は何度ですか。

(3) 正十角形の１つの角の大きさは何度ですか。

(4) 正十二角形の１つの角の大きさは何度ですか。

勉強した日 　月　　日

時間 **20分** 　合格点 **80点** 　答え 別さつ **23ページ**

得点 　　点

色をぬろう
⭐⭐⭐
60 80 100

2 下の図のような，となり合う2辺の長さが8cmと4cmで，その間の角の大きさが60°である平行四辺形に，正多角形を，重ならないようにしきつめます。

[1問 15点]

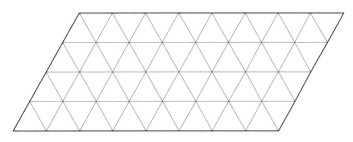

(1) 1辺の長さが1cmの正三角形でしきつめるとき，正三角形は何個いりますか。

(2) 1辺の長さが2cmの正三角形でしきつめるとき，正三角形は何個いりますか。

(3) 1辺の長さが1cmの正三角形と1辺の長さが1cmの正六角形でしきつめるとき，正六角形はもっとも多くて何個ですか。

(4) 1辺の長さが1cmの正三角形と1辺の長さが2cmの正六角形でしきつめるとき，正三角形はもっとも少なくて何個ですか。

37  正多角形と円 — ③

問題 円周率を3.14として，半径4cmの円
の円周の長さを求めましょう。

円周

直径

考え方 円のまわりのことを**円周**といいます。
どのような円でも，

円周÷直径＝3.141592…

となります。この数を**円周率**といいます。これより，

円周＝直径×円周率　　　円周＝半径×2×円周率

です。したがって，半径が4cmのときは，

$4 \times 2 \times 3.14 = 8 \times 3.14 = 25.12$ (cm)

答え 25.12cm

1 円周率を3.14として，直径が5cmの円の円周の長さを求め
ましょう。 [20点]

式

答え

2 円周率を3.14として，半径が3cmの円の円周の長さを求め
ましょう。 [20点]

式

答え

3 円周の長さが9.42cmである円の直径は何cmですか。円周率は3.14として計算しましょう。 [20点]

式

答え

4 円周の長さが21.98cmである円の半径は何cmですか。円周率は3.14として計算しましょう。 [20点]

式

答え

5 右の色をぬった部分の図形は，半円を組み合わせてつくられたものです。この図形のまわりの長さを，円周率を3.14として求めましょう。 [20点]

10cm
10cm

式

答え

82

38 角柱と円柱 ― ①

問題 五角柱の辺は何本でしょう。

考え方 右の図のような立体を**五角柱**といいます。

底面は五角形で，**側面**はすべて長方形です。

側面は底面に垂直で，2つの底面は平行です。

辺は，2つの底面に5本ずつと，2つの底面を結ぶものが5本ありますから，

5×2＋5＝15(本)

となります。

答え 15本

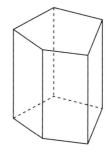

1 五角柱の面の数と頂点の数は，それぞれいくつですか。

[20点]

答え

2 底面が1辺4cmの正三角形で，高さが7cmの三角柱があります。この三角柱の辺の長さをすべてたすと，何cmになるでしょう。 [20点]

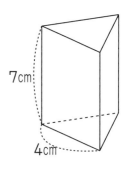

7cm

4cm

式

答え

3 底面が直径6cmの円で，高さが5cmの円柱について，展開図における側面の長方形の面積を，円周率を3.14として求めましょう。[20点]

6cm

5cm

式 _____

答え _____

4 底面が，1辺の長さが6cmのひし形で，高さが9cmの四角柱があります。[1問　20点]

9cm

6cm

(1) すべての辺の長さをたすと，何cmになりますか。

式 _____

答え _____

(2) 4つの側面の面積の和は何cm² ですか。

式 _____

答え _____

39 角柱と円柱 — ②

問題 右の展開図(てんかいず)を組み立ててできる立体は何ですか。

考え方 組み立てると，**底面**(ていめん)は三角形で，**側面**(そくめん)はすべて長方形ですから，**三角柱**(ちゅう)です。

見取り図(みとりず)は，右下のようになります。

角柱の展開図では，側面はまとめて１つの長方形にかくことができます。このとき，長方形のたての長さは角柱の高さ，横(よこ)の長さは底面のまわりの長さになります。

答え 三角柱

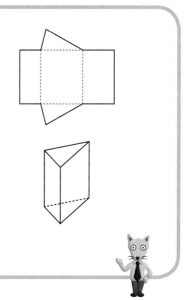

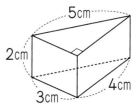

1 右の図の三角柱の展開図をかきましょう。

[20点]

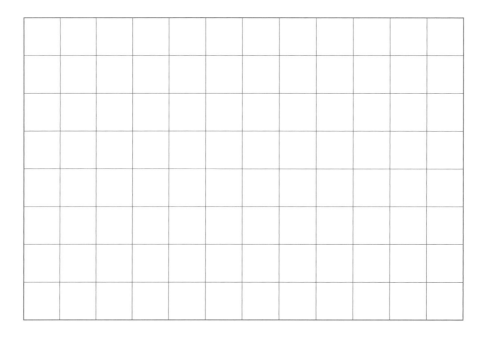

2 角柱の頂点，面，辺の数について，次の表を完成しましょう。

[1問　2点]

	三角柱	四角柱	五角柱	六角柱
底面の数				
側面の数				
面 の 数				
頂点の数				
辺 の 数				

3 角柱の底面の辺の数を□で表すとき，次の問いに答えましょう。

[1問　10点]

(1) 頂点の数を，□で表しましょう。

(2) 面の数を，□で表しましょう。

(3) 辺の数を，□で表しましょう。

(4) （頂点の数）＋（面の数）－（辺の数）を計算しましょう。

40  問題の考え方 — ①

問題 赤と青の色紙が合わせて124まいあります。赤い色紙は青い色紙の3倍あります。それぞれ何まいあるでしょう。

考え方 図からわかるように，全体の色紙の数は，青い色紙の数の4倍です。

赤い色紙 ▭▭▭ 合わせて
青い色紙 ▭ 124まい

これより，青い色紙は，124÷4＝31（まい）

赤い色紙は，31×3＝93（まい）

答え 赤い色紙が93まい，青い色紙が31まい

1 りんごとなしが合わせて60個あります。りんごの数はなしの数の2倍です。それぞれ何個あるでしょう。 [20点]

式

答え

2 えんぴつと赤えんぴつが合わせて240本あります。えんぴつの数は赤えんぴつの数の5倍です。それぞれ何本あるでしょう。 [20点]

式

答え

３　オレンジジュースとグレープジュースが合わせて 350 本あります。オレンジジュースの数はグレープジュースの４倍です。それぞれ何本あるでしょう。 [20点]

式

答え

４　800 円を兄弟で分けます。兄が弟の２倍より 80 円多くもらうとすると，兄と弟はそれぞれいくらもらえるでしょう。 [20点]

式

答え

５　本を２さつ買ったら，1560 円でした。高い方のねだんは安い方の３倍より 40 円安いです。２さつの本はそれぞれいくらですか。 [20点]

式

答え

41 問題の考え方 — ②

問題 市民プールの入場料は，おとな1人と子ども2人では750円，おとな2人と子ども5人では1700円です。おとな1人，子ども1人の入場料は，それぞれいくらでしょう。

考え方 おとな1人と子ども2人で750円だから，2倍すると，おとな2人と子ども4人で1500円になります。

```
おとな  おとな  子 子 子 子        1500円
おとな  おとな  子 子 子 子 子     1700円
        1500円
```

図から，子ども1人分は，

1700 − 1500 ＝ 200(円)

おとな1人分は，

750 − 200 × 2 ＝ 750 − 400 ＝ 350(円)

答え おとな350円，子ども200円

1 りんご2個とみかん4個の代金は680円です。また，りんご2個とみかん7個の代金は920円です。りんご1個，みかん1個のねだんは，それぞれいくらでしょう。

[25点]

式

答え

2 ノート2さつとえんぴつ5本で450円，ノート4さつとえんぴつ9本で840円のとき，ノート1さつのねだんはいくらでしょう。また，えんぴつ1本のねだんはいくらでしょう。

[25点]

式

答え

3 プリン7個とジュース3本で530円，プリン3個とジュース1本で210円です。プリン2個とジュース1本ではいくらになるでしょう。

[25点]

式

答え

4 大小2種類のおもりがあり，大きいおもり3個と小さいおもり2個で170g，大きいおもり1個と小さいおもり4個で90gです。おもりはそれぞれ何gでしょう。

[25点]

式

答え

42 問題の考え方 ― ③

問題 おとな2人，子ども3人でバスに乗りました。料金は，おとなは子どもの2倍で，合わせて980円でした。おとなと子どもの料金は，それぞれいくらですか。

考え方 おとな1人分の料金を子ども1人分の料金におきかえて考えます。

おとな1人分は子ども2人分ですから，それぞれ2倍して，おとな2人分は子ども4人分になります。

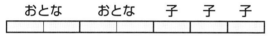

| おとな | おとな | 子 | 子 | 子 |

つまり，子ども7人分が980円になりますから，子ども1人分は，

$$980 \div 7 = 140(円)$$

おとな1人分は，

$$140 \times 2 = 280(円)$$

となります。

答え おとな280円，子ども140円

1 おとな3人，子ども6人でジェットコースターに乗りました。料金は，おとなが子どもの2倍で，合わせて4800円でした。料金は，おとなと子どもそれぞれいくらでしょう。 [25点]

式 _____

答え _____

② 横の長さがたての長さの2倍である長方形があります。この長方形のまわりの長さが30cmのとき，たてと横の長さはそれぞれ何cmですか。 [25点]

式

答え

③ お母さんが赤ちゃんをだいて体重をはかると，59.5kgでした。お母さんの体重は赤ちゃんの6倍です。赤ちゃんの体重は何kgでしょう。 [25点]

式

答え

④ ある植物園では，おとな3人分の料金で子どもが7人はいれます。おとな6人，子ども8人ではいると，料金は3300円でした。料金は，おとなと子どもそれぞれいくらでしょう。 [25点]

式

答え

 問題の考え方 ── ④（数列）

問題 奇数を小さい順にならべたとき，99は何番目でしょう。

考え方 奇数を小さい順にならべると，

$$1, \ 3, \ 5, \ 7, \ 9, \ 11, \ 13, \ \cdots$$

$+2$ $+2$ $+2$ $+2$ $+2$ $+2$

のように，1からはじまって，2ずつふえていきます。

1に，2を何回たすと99になるかを考えると，

$$(99-1) \div 2 = 98 \div 2 = 49$$

より，49回たしています。つまり，99は50番目です。

答え 50番目

1 2，4，6，8，10，12，…と偶数を小さい順にならべたとき，35番目にならぶ数は何ですか。

[20点]

答え _____

2 次の数は，あるきまりにしたがってならんでいます。100は前から何番目にならぶでしょう。

　　1，4，7，10，13，16，19，…

[20点]

答え _____

③ 次の数は, あるきまりにしたがってならんでいます。前から25番目の数は何でしょう。

1, 4, 9, 16, 25, 36, 49, 64, 81, 100, …

[20点]

答え

④ 次の数は, あるきまりにしたがってならんでいます。193は前から何番目にならぶでしょう。

5, 9, 13, 17, 21, 25, 29, …

[20点]

答え

⑤ 4月1日が日曜日のとき, その年の12月31日は何曜日ですか。

[20点]

答え

44 問題の考え方 — ⑤(過不足算)

問題 みかんを1人に5個ずつ配ると14個余ります。1人に7個ずつにすると,2個たりません。みかんは何個あるでしょう。

考え方 あと2個みかんがあれば,余った14個と合わせて全員に2個ずつ配ることができますから,人数を□人とすると,

$$2 \times □ = 14 + 2 = 16$$

となります。□にあてはまる数を求めると,

$$□ = 16 \div 2 = 8$$

より,8人に配ったことがわかります。みかんの数は,

$$5 \times 8 + 14 = 54$$

答え 54個

1 色紙を1人に3まいずつ配ると10まい余り,4まいずつ配っても1まい余りました。配った人数は何人でしょう。 [20点]

式

答え

2 カードを1人に4まいずつ配ると13まい余ります。1人に7まいずつにすると,8まいたりません。配る人数は何人でしょう。 [20点]

式

答え

3 えんぴつを１人に６本ずつ配ると15本たりないので，１人に４本ずつにすると３本余りました。えんぴつは何本あったでしょう。 [20点]

式

答え

4 テープを１人に8cmずつ配ると27cm余るので，１人に11cmずつにするとテープはちょうどなくなりました。テープの長さは何cmでしょう。 [20点]

式

答え

5 おはじきを１人に8個ずつ配ると25個たりませんでした。１人に5個ずつにしても4個たりませんでした。１人に4個ずつにすると，何個余りますか。 [20点]

式

答え

□ 編集協力　小南路子　坂下仁也
□ デザイン　アトリエ ウインクル

シグマベスト
**トコトン算数
小学5年の文章題ドリル**

著　者　山腰政喜
発行者　益井英郎
印刷所　NISSHA株式会社
発行所　株式会社文英堂
　　　　〒601-8121　京都市南区上鳥羽大物町28
　　　　〒162-0832　東京都新宿区岩戸町17
　　　　(代表)03-3269-4231

学習の記録

内容	勉強した日		得点	得点グラフ					
				0　　20　　40　　60　　80　100					
かき方	4月　16日		83点						
❶ 整数と小数	月	日	点						
❷ 体積 － ①	月	日	点						
❸ 体積 － ②	月	日	点						
❹ 小数のかけ算・わり算 － ①	月	日	点						
❺ 小数のかけ算・わり算 － ②	月	日	点						
❻ 小数のかけ算・わり算 － ③	月	日	点						
❼ 小数のかけ算・わり算 － ④	月	日	点						
❽ 合同な図形 － ①	月	日	点						
❾ 合同な図形 － ②	月	日	点						
❿ 図形の角 － ①	月	日	点						
⓫ 図形の角 － ②	月	日	点						
⓬ 倍数と約数 － ①	月	日	点						
⓭ 倍数と約数 － ②	月	日	点						
⓮ 倍数と約数 － ③	月	日	点						
⓯ 平均 － ①	月	日	点						
⓰ 平均 － ②（平均算）	月	日	点						
⓱ 単位量あたり － ①	月	日	点						
⓲ 単位量あたり － ②	月	日	点						
⓳ 速さ － ①	月	日	点						
⓴ 速さ － ②	月	日	点						
㉑ 速さ － ③	月	日	点						
㉒ 変わり方	月	日	点						

トコトン算数

小学5年の文章題ドリル

答え

● 「答え」は見やすいように，わくでかこみました。

● 考え方・解き方 では，まちがえやすい問題のくわしい
解説や，これからの勉強に役立つことをのせています。

文英堂

1 整数と小数

1 式　0.175 × 100 ＝ 17.5
　　答え　17.5L

2 式　8.45 ÷ 10 ＝ 0.845
　　答え　0.845m

3 式　377.6 ÷ 100 ＝ 3.776
　　答え　3.776

4 一番大きい数　7.401
　　一番小さい数　0.147

5 一番大きい数　86.402
　　一番小さい数　20.468

2 体積 ──①

1 式　4 × 6 × 5 ＝ 120
　　答え　120cm³

2 式　4 × 4 × 4 ＝ 64
　　答え　64cm³

3 式　1.6 × 3 × 2 ＝ 4.8 × 2 ＝ 9.6
　　答え　9.6cm³

4 50cm ＝ 0.5m です。
　　式　0.5 × 3 × 2 ＝ 3　　答え　3m³

5 式　3 × 5 × 4 ÷ 2 ＝ 30
　　答え　30cm³

考え方・解き方

▶3で，$\frac{1}{100}$ にした数は100でわって求めます。

4で，4つの数を大きい順にならべると7.410となりますが，小数第3位に0は使えませんから，1と0を入れかえて，一番大きい数は7.401となります。

5も同じようにして，十の位と小数第3位に0は使えませんから注意しましょう。

▶体積を求める公式は，
　直方体の体積＝たて×横×高さ
です。たて，横，高さの単位をそろえます。

3は，小数になっても，整数の場合と同じように式を立てます。

4は，たての長さだけ単位がcmですから，mにします。

5は，直方体を半分に切った立体ですから，体積は直方体の半分です。

❸ 体積 —②

① 式　6×8×7＝336
　　答え　336cm³

② 式　30×60×35＝63000
　　　　　63000cm³＝63L
　　答え　63L

③ 箱の内側の長さは，
　　たては，18－2＝16(cm)
　　横は，10－2＝8(cm)
　　高さは，8－1＝7(cm)
　　式　16×8×7＝896
　　答え　896cm³

④ (1)　式　3×8×6＋3×8×9
　　　　　＝144＋216＝360
　　　答え　360cm³
　　(2)　式　2×8×2＋2×8×4
　　　　　　　＋2×8×6
　　　　　＝32＋64＋96＝192
　　　答え　192cm³

考え方・解き方

▶ **1**，**2**では，内側の長さがわかっていますから，そのままで容積を求められます。

3では，板の厚さをひいて，内側の長さを求めてから計算します。

4は，上から下に切って，(1)は2つ，(2)は3つの直方体に分けて体積を求めています。

また，(2)は，たて2cm，横8cm，高さ2cmの直方体を6個積んでできていると考えると，
　　2×8×2×6＝192(cm³)
として求めることもできます。

4 小数のかけ算・わり算──①

1
式　3.6 × 4.7 = 16.92
答え　16.92cm²

2
式　8.6 × 8.6 = 73.96
答え　73.96cm²

3
式　3.5 × 4.2 = 14.7
答え　14.7kg

4
式　72.5 × 0.6 = 43.5
答え　43.5kg

5
式　9.6 × 4.3 = 41.28
答え　41.28km

5 小数のかけ算・わり算──②

1
式　25.5 ÷ 1.5 = 17　　答え　17本

2
式　25.8 ÷ 0.6 = 43　　答え　43歩

3
横の長さを□cmとすると,
5.4 × □ = 24.3
式　24.3 ÷ 5.4 = 4.5
答え　4.5cm

4
大きい水そうにはいる水の量を□Lとする
と,
□ × 0.2 = 9.5
式　9.5 ÷ 0.2 = 47.5
答え　47.5L

5
□倍とすると, 17.6 = 6.2 × □
式　17.6 ÷ 6.2 = 2.83…
答え　およそ2.8倍

考え方・解き方

▶かける数が小数になっても, 整数の場合と同じように式を立てます。計算するときは, 小数点の位置に気をつけます。

かける数が1より大きいとき, 答えはかけられる数より大きくなります。また, かける数が1より小さいとき, 答えはかけられる数より小さくなります。

▶わり算の式を立てるとき, わかりにくい場合には□を使ってかけ算の式を立て, それをわり算の式に直します。

計算するときは, 小数点の位置に気をつけます。

わる数が1より大きいとき, 答えはわられる数より小さくなります。また, わる数が1より小さいとき, 答えはわられる数より大きくなります。

⑥ 小数のかけ算・わり算 —— ③

1 式　10÷4×8.4＝2.5×8.4＝21
　　答え　21kg

2 式　30÷1.7＝17余り1.1
　　答え　17本切り取れて，1.1m余る

3 たてが横の□倍とすると，3.4＝5.5×□
　　式　3.4÷5.5＝0.618…
　　答え　およそ0.62倍

4 式　2.6×4×25＝2.6×100＝260
　　答え　260km

5 式　1.2×48＋0.8×48
　　　　＝(1.2＋0.8)×48＝2×48＝96
　　答え　96kg

6 式　3.8×(6.4－3.8)＋5.4×3.8
　　　　＝30.4
　　答え　30.4cm²

⑦ 小数のかけ算・わり算 —— ④

1 式　400－72×4.5＝400－324＝76
　　答え　76円

2 式　1.25×0.8＝1　　答え　1m²

3 横が□cmとすると，7.6×□＝63.08
　　式　63.08÷7.6＝8.3　　答え　8.3cm

4 式　3.7÷0.26＝14余り0.06
　　答え　14人に分けられて，0.06kg余る

5 式　8.7×(14.3－1.6×7)＝26.97
　　答え　26.97g

6 式　ある数は，3.2×1.5＋0.03＝4.83
　　　　4.83÷2.3＝2.1　　答え　2.1

考え方・解き方

▶**6**は，3.8でまとめられます。そうすると，

　　3.8×(6.4－3.8)＋5.4×3.8
　＝3.8×2.6＋3.8×5.4
　＝3.8×(2.6＋5.4)
　＝3.8×8
　＝30.4

となり，楽に計算できます。

▶**4**は，人数を求めますから，商は整数です。

5は，まず残ったはり金の長さを求めると，

　　14.3－1.6×7＝3.1(m)

となり，1mが8.7gですから，これにかけて，

　　8.7×3.1＝26.97(g)

となります。

6は，まず，わり算の「確かめの計算」を利用してある数を求め，2.3でわります。

　わられる数＝わる数×商＋余り

をわすれないようにしましょう。

8 合同な図形 ― ①

1 アとク，ウとオ，カとサ，キとケ

2 (1) 辺FE　　(2) 8cm
(3) 70°

3 (1) 三角形DAB　　(2) 三角形OCB
(3) 三角形OAB

9 合同な図形 ― ②

1 ① 5，C　　② B，3
③ C，4，A　　④ C

2 (1) ひし形　　(2) 平行四辺形
(3) 長方形

3 (1)

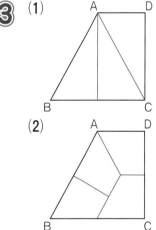

(2)

考え方・解き方

▶**2**(1)で，対応する辺を答えるときや，**3**で，合同な三角形を答えるときは，対応する点の順に気をつけます。

▶**2**(1)は，4つの辺がすべて同じ長さになりますから，ひし形ができます。
3(1)は，次のように分けても正解です。

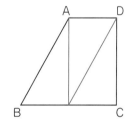

⑩ 図形の角—①

1 ア　$180° - 62° - 53° = 65°$
　　　答え　$65°$

　　イ　$180° - 49° - 58° = 73°$
　　　答え　$73°$

　　ウ　$180° - 73° = 107°$
　　　答え　$107°$

　　エ　$(180° - 140°) ÷ 2 = 40° ÷ 2$
　　　　　　　　　　　　$= 20°$
　　　答え　$20°$

　　オ　二等辺三角形である。
　　　答え　$55°$

　　カ　$180° - 55° × 2 = 180° - 110°$
　　　　　　　　　　　$= 70°$
　　　答え　$70°$

2 式　$180° ÷ 3 = 60°$
　　答え　$60°$

3 ア　三角形のもう1つの角は，
　　　$180° - 60° - 65° = 55°$
　　　よって，$180° - 55° = 125°$
　　　答え　$125°$

　　イ　下の三角形のもう1つの角は，
　　　$180° - 42° - 58° = 80°$
　　　よって，$180° - 80° = 100°$
　　　答え　$100°$

　　ウ　$180° - 60° - 100° = 20°$
　　　答え　$20°$

　　エ　$180° - 90° - 55° = 35°$
　　　答え　$35°$

　　オ　右の三角形について考えて，
　　　$180° - 90° - 35° = 55°$
　　　答え　$55°$

考え方・解き方

▶二等辺三角形では，2つの角の大きさが等しくなります。また，正三角形では，3つとも角の大きさは等しくなります。

3は，次のことを利用すると，かんたんに求められます。

三角形の1つの外角は，そのとなりにない2つの内角の和に等しくなります。

3の**ア**は，
　　$60° + 65° = 125°$

イは，
　　$42° + 58° = 100°$

として，求められます。

図形の角 ― ②

1 ア 360° − 60° − 110° − 80° ＝ 110°
　　　答え　110°

　　イ 360° − 65° − 75° − 135° ＝ 85°
　　　答え　85°

　　ウ ひし形の向かい合う角の大きさは等し
　　　い。
　　　答え　130°

　　エ ひし形のとなり合う角の和は180°
　　　180° − 130° ＝ 50°
　　　答え　50°

　　オ 平行四辺形の向かい合う角の大きさは
　　　等しい。
　　　答え　85°

　　カ 平行四辺形のとなり合う角の和は180°
　　　60° ＋ カ ＋ 85° ＝ 180°
　　　カ ＝ 180° − 60° − 85° ＝ 35°
　　　答え　35°

2 三角形3つ分だから，180° × 3 ＝ 540°
　答え　540°

3 (1) 三角形アイウは，辺イアと辺イウが
　　　等しい二等辺三角形だから，角オの
　　　大きさは，
　　　(180° − 60°) ÷ 2 ＝ 120° ÷ 2 ＝ 60°
　　　答え　60°

　　(2) (1)より，三角形アイウの3つの角は
　　　すべて60°になる。
　　　答え　正三角形

　　(3) 5cm

4 ア 90° − 28° × 2 ＝ 90° − 56° ＝ 34°
　　　答え　34°

　　イ 180° − 90° − 28° ＝ 62°
　　　180° − 62° × 2 ＝ 180° − 124°
　　　　　　　　　　　 ＝ 56°
　　　答え　56°

考え方・解き方

▶四角形の4つの角の和は360°です。五角形では，540°です。辺の数が1ふえるごとに，180°ずつふえていきます。

　　　六角形→720°　　＋180°
　　　七角形→900°
　　　八角形→1080°　　＋180°

4は，紙を折り曲げる問題です。折り曲げた図形ともとの図形は合同です。

⓬ 倍数と約数 ── ①

1 8×1＝8, 8×2＝16, 8×3＝24
答え 8, 16, 24

2 60÷7＝8余り4
答え 8個

3 18の倍数は, 18, 36, 54, 72, 90, …
この中で, 15の倍数にもなっている一番
小さい数は, 90
答え 90

4 16の倍数は, 16, 32, 48, 64, 80, …
この中で, 12の倍数にもなっている一番
小さい数は, 48
48×1＝48, 48×2＝96,
48×3＝144
答え 48, 96, 144

⓭ 倍数と約数 ── ②

1 かけて72になるのは, 1×72, 2×36,
3×24, 4×18, 6×12, 8×9
答え 1, 2, 3, 4, 6, 8, 9, 12, 18,
24, 36, 72の12個

2 かけて64になるのは, 1×64, 2×32,
4×16, 8×8
答え 1, 2, 4, 8, 16, 32, 64の7個

3 24の約数は, 1, 2, 3, 4, 6, 8, 12,
24です。この中で, 42の約数にもなっ
ている最大の数は, 6です。
答え 6

4 54の約数は, 1, 2, 3, 6, 9, 18, 27,
54です。
この中で, 81の約数にもなっている最大の
数は27です。
答え 1, 3, 9, 27

考え方・解き方

▶**2**では, 7の倍数は,
7×1, 7×2, …, 7×8
の8個になります。かける数を見る
と,
1, 2, 3, …, 8
となりますから, かける数がいくつ
あるかと考えるとかぞえやすいです。
4では, 12と16の最小公倍数が
48ですから, 48の倍数を小さい順
に3つ答えます。
最小公倍数を求めるときは, 大きい
方の数の倍数の中から, 小さい方の
数の倍数にもなっている数をさがす
と, 求めやすいです。

▶**4**では, 54と81の最大公約数を
求めると27になりますから, 答え
は27の約数です。
最大公約数を求めるときは, 小さい
方の数の約数の中から, 大きい方の
数の約数にもなっている数をさがす
と, 求めやすいです。

⑭ 倍数と約数 ── ③

① 9と15の最小公倍数は，45です。
答え　午前8時45分

② 6と9の最小公倍数は，18です。18の倍数の中で，20から40の間にあるのは36だけです。
答え　36人

③ 8と12の最小公倍数は，24です。
答え　24cm

④ 4と6の最小公倍数は，12です。12に3をたした15は，4でわっても，6でわっても3余ります。
答え　15

⑤ 42と54の最大公約数は，6です。
答え　6cm

⑥ 10から99までの90個の整数のうち，4の倍数，5の倍数，20の倍数の個数を調べて表にまとめると，右のようになります。
答え　54個

考え方・解き方

▶6では，1から99までの整数で考え，その中から1けたのものをのぞきます。

$$99 \div 4 = 24 余り 3$$

より，4の倍数は24個で，1けたのものは4と8ですから，10から99までの4の倍数は22個です。

$$99 \div 5 = 19 余り 4$$

より，5の倍数は19個で，1けたのものは5だけですから，10から99までの5の倍数は18個です。

4と5の最小公倍数は20ですから，

$$99 \div 20 = 4 余り 19$$

より，10から99までの20の倍数は4個です。

調べたことを表にまとめます。

		4の倍数		合計
		○	×	
5の倍数	○	4	14	18
	×	18	54	72
合　計		22	68	90

⓯ 平均 — ①

1 式　192÷8＝24
答え　24ページ

2 式　(11＋9＋13＋10＋12)÷5
　　＝55÷5
　　＝11
答え　11人

3 式　(82＋74＋77＋73)÷4
　　＝306÷4
　　＝76.5
答え　76.5点

4 式　(60＋62＋63＋59＋57＋61)÷6
　　＝362÷6
　　＝60.33…
答え　60.3g

5 式　42÷3＝14
　　　182÷14＝13
答え　13日

考え方・解き方

▶平均を求めるときは,

　　平均＝合計÷個数

と計算します。

ふつうは, わり切れるまで計算しますが, わり切れない場合は, 小数第2位を四捨五入して, 小数第1位までのがい数にすることが多いです。どの位まで求めるかが問題に書かれている場合は, それにしたがいます。

⑯ 平均—②（平均算）

1 式　（15×3＋23）÷4＝68÷4＝17

　　答え　17ページ

2 1組と2組の合計点を合計人数でわる。

　　式　70×24＋75×26＝3630

　　　　24＋26＝50

　　　　平均は，3630÷50＝72.6

　　答え　72.6点

3 6回分の合計から5回分の合計をひく。

　　式　80×6－77×5

　　　＝480－385＝95

　　答え　95点

4 1人分のまい数を求める。

　　式　（55＋39）÷2＝94÷2＝47

　　　　55－47＝8

　　答え　8まい

5 式　（72＋58＋62）÷3

　　　＝192÷3＝64

　　　　64－58＝6，64－62＝2

　　答え　よしこさんに6個，けいこさんに2個

考え方・解き方

▶平均を使って解く問題を平均算といいます。平均算では，

　　合計＝平均×個数

として，合計を求めることが多いです。

4，5では，合計を求めて人数でわり，1人分の数を求めます。そして，多い人から少ない人へ，どれだけわたせばよいかを求めます。

4の別の考え方は，姉と妹の差の半分を妹にわたすというものです。姉が妹と同じ39まいを持ち，妹との差

　　55－39＝16（まい）

を2人で分けると，

　　16÷2＝8（まい）

となります。

17 単位量あたり —①

1 式　816÷12＝68
　　答え　68円

2 式　1組は，51÷6＝8.5(本)
　　　　2組は，63÷7＝9(本)
　　答え　2組

3 式　赤は，240÷3＝80(円)
　　　　青は，425÷5＝85(円)
　　　　黒は，525÷7＝75(円)
　　答え　青いリボン

4 式　450÷250×100＝180
　　答え　180円

5 式　72÷16＝4.5
　　　　4.5×24＝108
　　答え　108本

18 単位量あたり —②

1 式　108000÷360＝300
　　答え　300人

2 式　470×6100＝2867000
　　答え　およそ2900000人

3 (1)　式　6240÷48＝130
　　　答え　130円
　　(2)　式　384÷48＝8
　　　答え　8km
　　(3)　式　320×2÷8＝640÷8＝80
　　　答え　80L

考え方・解き方

▶**1**では，1ダースが12本であることを用います。

2は，1m²あたり何本植えられているかを求めます。

4は，1gあたり1.8円となりますから，100倍して，100g180円です。

5は，去年が1m²あたり4.5本ですから，24倍して，24m²では108本になります。

▶**2**では，
　　人口＝人口密度×面積
として，人口を求めています。

3(3)では，往復ですから，きょりを2倍するのをわすれないようにしましょう。

19 速さ ― ①

1 式　54000 ÷ 45 = 1200
　　答え　分速1200m

2 式　分速は，216 ÷ 60 = 3.6
　　　　秒速は，3600 ÷ 60 = 60
　　答え　分速3.6km，秒速60m

3 式　みつきさんは，531 ÷ 9 = 59
　　　　ゆきこさんは，825 ÷ 15 = 55
　　答え　みつきさん

4 式　525 ÷ 15 = 35
　　答え　35まい

5 式　90 ÷ 12 = 7.5
　　答え　7.5L

考え方・解き方

▶速さは，単位時間あたりに進む道のりで，
　　　速さ＝道のり÷時間
です。
3では，分速を求めて大きい方を答えます。
速さということばは，
　　　印刷する速さ
　　　水がはいる速さ
というように，いろいろなところで使われます。

20 速さ ― ②

1 式　35 × 5 = 175
　　答え　175km

2 式　340 × 8 = 2720
　　答え　2720m

3 式　分速にすると，5 × 60 = 300
　　　　300 × 20 = 6000
　　答え　6km

4 式　分速は，35 ÷ 50 = 0.7
　　　　1時間10分＝70分だから，
　　　　0.7 × 70 = 49
　　答え　49km

5 午前10時から午前11時30分までは，
　　1時間30分＝1.5時間です。
　　式　3.4 × 1.5 = 5.1
　　答え　5.1km

▶道のりを求める式は，
　　　道のり＝速さ×時間
です。計算するときは，単位に気をつけます。
3では，分でそろえています。秒でそろえると，
　　　20分＝1200秒
　　　5 × 1200 = 6000
　　　6000m＝6km
となります。
マラソンでは，42.195kmを2時間10分くらいで走りますから，
　　　2時間10分＝130分
　　　　　　　＝7800秒
　　42195 ÷ 7800 = 5.40…
より，およそ秒速5.4mです。

21 速さ — ③

① □分かかるとすると, $54 × □ = 648$

式　$648 ÷ 54 = 12$

答え　12分

② □分かかるとすると,

$150 × □ = 1200 × 2$

式　$1200 × 2 ÷ 150 = 2400 ÷ 150 = 16$

答え　16分

③ 式　分速にすると, $5 × 60 = 300$

$12000 ÷ 300 = 40$

答え　40分

④ 式　道のりは, $18 × 3 = 54$(km)

$54 ÷ 36 = 1.5$

1.5時間＝1時間30分

答え　1時間30分

⑤ 2人は1分間に, $155 + 145 = 300$(m)

より, 300mずつ近づいていきます。

式　$2400 ÷ 300 = 8$

答え　8分後

考え方・解き方

▶時間を求めるときは,

　道のり＝速さ×時間

の式で, 時間を□として式を立て, それをわり算になおします。

2は, 1周走るのに何分かかるかを求めて2倍して求めることもできます。

1周は, $1200 ÷ 150 = 8$(分)

2周は, $8 × 2 = 16$(分)

3は, 単位をそろえて計算します。

5は, おさむくんとたかしくんが, 2.4km＝2400mはなれた2地点から同時にスタートすると考えるとわかりやすいです。

㉒ 変わり方

1
(1) □＝○×4
(2) ○＋□＝12
(3) □＝(○＋4)×2
(4) ○×□＝16

2
(1)

○	1	2	3	4	5
□	4	7	10	13	16

(2) 3ふえる
(3) □＝○×3＋1
(4) 8×3＋1＝25   答え 25本
(5) 64＝○×3＋1より，○×3＝63
     ○＝63÷3＝21
     答え 21個

㉓ 分数と小数

1
(1) 0.8   (2) 1.5
(3) 0.75   (4) 1.75
(5) $\dfrac{7}{10}$ (6) $\dfrac{23}{100}$
(7) $\dfrac{9}{100}$ (8) $\dfrac{103}{1000}$

2 1.286

3
(1) $\dfrac{2}{5}$L   (2) 0.4L

4
(1) $\dfrac{4}{9}$倍   (2) $\dfrac{9}{4}$倍

考え方・解き方

▶ **1**(2)は，□＝12－○でも正解です。(3)は，( )をはずして，□＝○×2＋8でも正解です。

2は，正方形が1個ふえると，ストローは3本ふえますから，3の倍数と関係があります。そこで，○と□の間に○×3を入れて表をつくります。

○	1	2	3	4	5
○×3	3	6	9	12	15
□	4	7	10	13	16

○×3に1をたすと□になりますから，□＝○×3＋1となることがわかります。

▶ **2**は，9÷7＝1.2857…より，小数第4位の7を四捨五入して，1.286となります。

4は，□を用いて式を立てます。
(1)は，さとう×□＝塩 より，
9×□＝4   よって □＝$\dfrac{4}{9}$
(2)は，塩×□＝さとう より，
4×□＝9   よって □＝$\dfrac{9}{4}$
となります。

㉔ 分数のたし算・ひき算 —①

1 式 $\frac{3}{5}=\frac{36}{60}$　　答え　36分

2 式 $\frac{4}{15}=\frac{16}{60}$　　答え　16秒

3 答え　$\frac{4}{6}$, $\frac{6}{9}$, $\frac{8}{12}$

4 $\frac{4}{3}=\frac{16}{12}$, $\frac{5}{4}=\frac{15}{12}$　　答え　$\frac{4}{3}$

5 $\frac{2}{3}=\frac{16}{24}$, $\frac{3}{4}=\frac{18}{24}$　　答え　$\frac{17}{24}$

㉕ 分数のたし算・ひき算 —②

1 式 $\frac{1}{8}+\frac{3}{4}=\frac{1}{8}+\frac{6}{8}=\frac{7}{8}$

　答え　$\frac{7}{8}$kg

2 式 $\frac{3}{5}+\frac{2}{3}=\frac{9}{15}+\frac{10}{15}=\frac{19}{15}$

　答え　$\frac{19}{15}$km

3 式 $\frac{6}{7}-\frac{5}{9}=\frac{54}{63}-\frac{35}{63}=\frac{19}{63}$

　答え　$\frac{19}{63}$m

4 式 $\frac{7}{12}+\frac{3}{4}=\frac{4}{3}$　　答え　$\frac{4}{3}$時間

5 式 $\frac{8}{9}-\frac{7}{8}=\frac{64}{72}-\frac{63}{72}=\frac{1}{72}$

　答え　牛にゅうの方が$\frac{1}{72}$L多い

6 式 $\frac{3}{2}+\frac{4}{3}+\frac{5}{6}=\frac{11}{3}$

　答え　$\frac{11}{3}$cm

考え方・解き方

▶分数のかけ算を学習したら，時間を分にする場合や，分を秒にする場合は，60倍して求めることもできます。

1は，$\frac{3}{5}\times60=3\times12=36$（分）

2は，$\frac{4}{15}\times60=4\times4=16$（秒）

となります。

4は，通分して分子の大きい方を答えます。

▶分母の数がちがう分数のたし算，ひき算では，通分してから計算します。計算した答えが約分できるときは，必ず約分します。

4では，

$$\frac{7}{12}+\frac{3}{4}=\frac{7}{12}+\frac{9}{12}$$
$$=\frac{16}{12}=\frac{4}{3}$$

6では，

$$\frac{3}{2}+\frac{4}{3}+\frac{5}{6}$$
$$=\frac{9}{6}+\frac{8}{6}+\frac{5}{6}$$
$$=\frac{22}{6}=\frac{11}{3}$$

となります。

なお，答えは仮分数のままにしてありますが，帯分数にすることもできます。ただし，中学では帯分数を使うことはほとんどありません。

26 四角形・三角形の面積 — ①

1
(1) $9 \times 6 = 54$　　答え　$54cm^2$
(2) $4 \times 2.5 = 10$　　答え　$10cm^2$
(3) $6 \times 4 = 24$　　答え　$24cm^2$
(4) $2 \times 3 = 6$　　答え　$6cm^2$

2
式　$4.8 \times 3.7 = 17.76$
答え　$17.76cm^2$

3
高さを□cmとすると，$9 \times □ = 36$
式　$36 \div 9 = 4$　　答え　$4cm$

4
底辺を□cmとすると，$□ \times 7 = 37.1$
式　$37.1 \div 7 = 5.3$　　答え　$5.3cm$

考え方・解き方

▶高さは，底辺に垂直です。

1(4)で，5cmの辺を底辺とすると，高さがわかりませんから，計算できません。2cmの辺が水平になるように本をまわすと，高さが3cmであることがわかります。

---

27 四角形・三角形の面積 — ②

1
(1) $8 \times 5 \div 2 = 20$　　答え　$20cm^2$
(2) $5 \times 2 \div 2 = 5$　　答え　$5cm^2$
(3) $3 \times 4 \div 2 = 6$　　答え　$6cm^2$
(4) $7.2 \times 4.8 \div 2 = 17.28$
　　答え　$17.28cm^2$

2
式　$5.2 \times 4.6 \div 2 = 11.96$
答え　$11.96cm^2$

3
高さを□cmとすると，
$6 \times □ \div 2 = 24$
式　$24 \times 2 \div 6 = 8$
答え　$8cm$

4
底辺を□cmとすると，
$□ \times 8 \div 2 = 36$
式　$36 \times 2 \div 8 = 9$　　答え　$9cm$

▶三角形の面積は，平行四辺形の面積の半分です。

3では，順にもどして考えます。

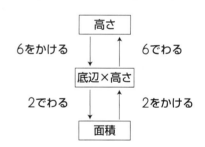

4も同じようにして求めます。

28 四角形・三角形の面積 —③

1
(1) $(4＋5)×2÷2＝9$
答え　9cm²

(2) $(6＋9)×4÷2＝30$
答え　30cm²

2
(1) $14×8÷2＋14×10÷2$
$＝56＋70＝126$
答え　126cm²

(2) $10×5÷2＋6×8÷2$
$＝25＋24＝49$
答え　49cm²

(3) $5×12÷2＋(4＋9)×12÷2$
$＝30＋78＝108$
答え　108cm²

29 四角形・三角形の面積 —④

1
式　$7×8÷2＝28$
答え　28cm²

2
式　$5×5÷2＝25÷2＝12.5$
答え　12.5cm²

3
(1) $6×8－2×6÷2－8×4÷2$
$＝48－6－16＝26$
答え　26cm²

(2) $6×12－3×6÷2－7×2÷2$
$＝72－9－7＝56$
答え　56cm²

(3) $10×20－6×4÷2－8×6÷2$
$　　　－12×5÷2－14×5÷2$
$＝200－12－24－30－35$
$＝99$
答え　99cm²

考え方・解き方

▶**2**では，四角形や五角形を，対角線で2つの図形に分けて考えます。
2(3)は，直角三角形と台形に分かれます。

▶ひし形で，4つの角が直角のものが正方形です。正方形の2本の対角線の長さは等しいです。これより，**2**は，

対角線×対角線÷2

で求められます。
3は，長方形の向かい合う辺の長さが等しいことから，まわりの三角形の，書かれていない辺の長さを求めます。

30 四角形・三角形の面積 ─ ⑤

① (1) 道の部分をのぞくと，たてが9m，横が11mの長方形です。

$9 \times 11 = 99$　　答え　99m²

(2) 道の部分をのぞくと，底辺が18m，高さが16mの平行四辺形です。

$18 \times 16 = 288$　　答え　288m²

② (1)

○	1	2	3	4	5	6
□	2	4	6	8	10	12

(2) □＝○×2

(3) 2倍になる

(4) 比例する

考え方・解き方

▶**②**のように，高さがきまっている三角形では，底辺の長さが2倍，3倍，4倍，…となると，面積も2倍，3倍，4倍，…となります。このとき，面積は底辺の長さに<u>比例</u>するといいます。

31 割合とそのグラフ ─ ①

① 120問のうち，48問です。

式　$48 \div 120 = 0.4$　　答え　0.4

② 残っているジュースの量を求めます。

式　$(500 - 180) \div 500$
　　$= 320 \div 500 = 0.64$

答え　0.64

③ 式　$80 \times 0.7 = 56$

答え　56人

④ 式　$240 \times 0.75 = 180$

答え　180ページ

▶割合の問題では，もとにする量とくらべられる量を見分けることが大切です。かけ算にするのかわり算にするのかがわかりにくいときは，<u>割合はもとにする量にかけるもの</u>としてかけ算の式を立ててから考えます。

㉜ 割合とそのグラフ──②

考え方・解き方

▶もとにする量がわからないときは、もとにする量を□として式をつくります。

1
花だん全体の面積を□m²とすると、その0.6が42m²です。

□×0.6＝42

式　42÷0.6＝70

答え　70m²

2
組の人数を□人とすると、その0.12が3人です。

□×0.12＝3

式　3÷0.12＝25

答え　25人

3
打率を□とすると、40×□＝17

式　17÷40＝0.425

答え　4割2分5厘

4
700円から、700円の30%をひきます。

式　700－700×0.3

　　＝700－210

　　＝490

答え　490円

4では、パーセントで表すときは、全体が100%ですから、

100－30＝70

より、700円の70%で買うことになります。したがって、

700×0.7＝490（円）

として求めることもできます。

㉝ 割合とそのグラフ ── ③

1 割合を□とすると，$600 \times □ = 330$
　式　$330 \div 600 = 0.55$　　答え　55%

2 式　$2600 + 2600 \times 0.15 = 2990$
　答え　2990台

3 □ページとすると，$□ \times 0.4 = 96$
　式　$96 \div 0.4 = 240$
　答え　240ページ

4 食塩水は，$170 + 30 = 200 (g)$ で，そのうちの$30g$が食塩です。
　式　$30 \div 200 = 0.15$　　答え　15%

5 (1)　式　$1500 + 1500 \times 0.3 = 1950$
　　　答え　1950円
　(2)　式　$1950 - 1950 \times 0.2 - 1500 = 60$
　　　答え　60円

㉞ 割合とそのグラフ ── ④

1 (1)　48%
　(2)　$200 \times 0.48 = 96$　　答え　96台
　(3)　5%
　(4)　$200 \times 0.22 = 44$　　答え　44台
　(5)　$200 \times 0.09 = 18$　　答え　18台

2 (1)　15%　　(2)　9%
　(3)　$700 \times 0.52 = 364$　答え　364店
　(4)　□店とすると，$□ \times 0.09 = 54$
　　　$54 \div 0.09 = 600$　　答え　600店
　(5)　小売店がぜんぶで□店とすると，
　　　$□ \times 0.24 = 180$
　　　$□ = 180 \div 0.24 = 750$
　　　食料品店は，$750 \times 0.52 = 390$
　　　答え　390店

考え方・解き方

▶ **2**では，もとにする5月の割合が100%で，6月はそれより15%多いので，

　　$100 + 15 = 115$

より，6月の割合は115%になります。これより，

　　$2600 \times 1.15 = 2990$

として求めることもできます。

5(2)は，売ったねだんを求めると，定価1950円の20%引きですから，

　　$1950 - 1950 \times 0.2$
　$= 1560 (円)$

です。仕入れたのが1500円ですから，利益は，

　　$1560 - 1500 = 60 (円)$

となります。

▶ 帯グラフや円グラフから割合を読み取るときは，目もりをかぞえまちがえないようにします。

2(5)では，まず小売店全体の数を求め，その52%を計算します。

③⑤ 正多角形と円——①

①
(1) 72° (2) 二等辺三角形
(3) 54° (4) 108°

②
(1) 24cm (2) 正三角形
(3) 8cm

③
(1) 正方形 (2) 長方形
(3) 直角三角形

考え方・解き方

▶円を利用して正多角形をかくとき，円の中心と正多角形の頂点を結んでできる三角形は，すべて合同な二等辺三角形です。とくに，正六角形の場合は，正三角形になります。

③(3)は，長方形ＢＣＦＧを，対角線ＣＧで2つに分けたうちの1つが三角形ＢＣＧですから，直角三角形になります。

---

③⑥ 正多角形と円——②

①
(1) 900° (2) 1080°
(3) 144° (4) 150°

②
(1) 64個 (2) 16個
(3) 8個

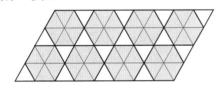

(4) 16個

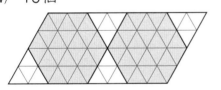

▶多角形のぜんぶの角の和は
　　180°×(辺の数－2)
で求められます。

②(4)は，1辺の長さが2cmの正六角形は多くても2個しか使えません。

37 正多角形と円——③

1 式　5×3.14＝15.7　　答え　15.7cm

2 式　3×2×3.14＝6×3.14＝18.84
答え　18.84cm

3 直径を□cmとすると，□×3.14＝9.42
式　9.42÷3.14＝3　　答え　3cm

4 半径を□cmとすると，
□×2×3.14＝21.98
式　21.98÷3.14÷2＝7÷2＝3.5
答え　3.5cm

5 式　10×2×3.14÷2
　　　＋10×3.14÷2×2
　＝31.4＋31.4＝62.8
答え　62.8cm

38 角柱と円柱——①

1 面は，底面が2つ，側面が5つです。
頂点は，2つの底面に5個ずつです。
答え　面は7つ，頂点は10個

2 式　4×3×2＋7×3＝24＋21＝45
答え　45cm

3 たてが5cm，横が6×3.14cmの長方形
の面積を求めます。
式　5×6×3.14＝94.2
答え　94.2cm²

4 (1)　式　6×4×2＋9×4
　　　　＝48＋36＝84
　　答え　84cm
(2)　たて9cm，横6cmの長方形が4つです。
　　式　9×6×4＝216　答え　216cm²

考え方・解き方

▶**5**は，半径10cmの円の円周の半
分に，直径10cmの円の円周の半分
の2つ分をたして求めます。

▶**2**は，1辺の長さが4cmの正三角
形2つ分と，2つの底面を結ぶ7cm
の辺3本分を合わせます。
4(1)は，1辺の長さが6cmのひし形
2つ分と，2つの底面を結ぶ9cm の
辺4本分を合わせます。

㊴ 角柱と円柱—②

①

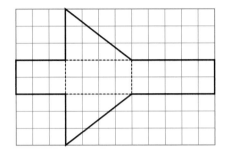

②

	三角柱	四角柱	五角柱	六角柱
底面の数	2	2	2	2
側面の数	3	4	5	6
面 の 数	5	6	7	8
頂点の数	6	8	10	12
辺 の 数	9	12	15	18

③
(1) □×2 (2) □＋2
(3) □×3 (4) 2

考え方・解き方

▶**1**の展開図については，底面が直角三角形ですから，直角をはさむ2辺を方眼の線上にかきます。

3は，**2**の表を見ながら考えましょう。

頂点の数と面の数をたすと，

　　□が3つ分と2

になります。辺の数は

　　□が3つ分

ですから，これをひくと2だけが残ります。このように，角柱では，

　(頂点の数)＋(面の数)－(辺の数)

を計算すると，必ず2になります。

㊵ 問題の考え方 — ①

1

りんご | [□□] 合わせて
なし | [□] 60個

なしの数の3倍が60個です。

式　60÷3＝20，20×2＝40

答え　りんごは40個，なしは20個

2

えんぴつ | [□□□□□] 合わせて
赤えんぴつ | [□] 240本

赤えんぴつの数の6倍が240本です。

式　240÷6＝40，40×5＝200

答え　えんぴつは200本，
　　　赤えんぴつは40本

3

オレンジ | [□□□□] 合わせて
グレープ | [□] 350本

グレープの5倍が350本です。

式　350÷5＝70，70×4＝280

答え　オレンジジュースは280本，
　　　グレープジュースは70本

4

兄 | [□□□] 合わせて
弟 | [□] 80円 800円

弟の3倍に80円をたすと800円になる。

式　(800－80)÷3＝720÷3＝240

　　240×2＋80＝480＋80＝560

答え　兄は560円，弟は240円

5

高い方 | [□□□] 合わせて
安い方 | [□] 40円 1560円

安い方の4倍から40円をひくと1560円
になる。

式　(1560＋40)÷4＝1600÷4＝400

　　400×3－40＝1200－40＝1160

答え　400円と1160円

考え方・解き方

▶1では，りんごの数を求めるとき
に，60個からなしの数をひいて，

　　60－20＝40（個）

と計算することもできます。2～5
でも同じです。

4は，次のように，順にもどして式
を立てます。

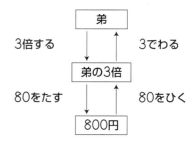

5も同じように考えます。

⓬ 問題の考え方 — ②

①
りんご2個とみかん4個→680円
りんご2個とみかん7個→920円
よって，みかん3個が920−680(円)
式　(920−680)÷3＝240÷3＝80
　　(680−80×4)÷2＝360÷2＝180
答え　りんごは180円，みかんは80円

②
ノート2さつとえんぴつ5本で450円だ
から，これを2倍します。
ノート4さつとえんぴつ10本→900円
ノート4さつとえんぴつ9本→840円
よって，えんぴつ1本が900−840(円)
式　900−840＝60
　　(450−60×5)÷2＝150÷2＝75
答え　ノートは75円，えんぴつは60円

③
プリン3個とジュース1本で210円だか
ら，これを3倍します。
プリン9個とジュース3本→630円
プリン7個とジュース3本→530円
よって，プリン2個が630−530(円)
式　(630−530)÷2＝100÷2＝50
　　210−50×3＝210−150＝60
　　プリン2個とジュース1本では，
　　50×2＋60＝100＋60＝160
答え　160円

④
大きいおもり3個と小さいおもり2個で
170gだから，これを2倍します。
大6個と小4個→340g
大1個と小4個→90g
よって，大5個が340−90(g)
式　(340−90)÷5＝250÷5＝50
　　(90−50)÷4＝40÷4＝10
答え　大きい方は50g，小さい方は10g

▶同じものに目をつけます。

1では，りんご2個とみかん4個が
どちらにも共通だから，その分を
ひくと，みかん3個分のねだんが求
められます。

2は，そのままではノートの数もえ
んぴつの数もちがうので，何倍かし
て数がそろうようにします。この場
合は，2倍してノートの数をそろえ
ます。

3は，次のようにすると，プリン1
個とジュース1本のねだんを求めな
くても答えが出ます。

プリン 7個	+	ジュース 3本	=	530円
プリン 3個	+	ジュース 1本	=	210円

ひくと，

プリン 4個	+	ジュース 2本	=	320円

2でわって，

プリン 2個	+	ジュース 1本	=	160円

㊷ 問題の考え方──③

1 式　3×2＋6＝6＋6＝12
　　 子ども12人分で4800円だから，
　　 4800÷12＝400
　　 400×2＝800
　　 答え　おとな800円，子ども400円

2 右の図から，長方形
　　 のまわりの長さは，
　　 たての長さの6倍に
　　 なります。

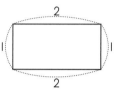

　　 式　30÷6＝5
　　 　　 5×2＝10
　　 答え　たては5cm，横は10cm

3 お母さんの体重は赤ちゃんの6倍だから，2
　　 人合わせた重さは赤ちゃんの7倍になりま
　　 す。
　　 式　59.5÷7＝8.5
　　 答え　8.5kg

4 料金については，
　　 おとな3人分→子ども7人分
　　 2倍すると，
　　 おとな6人分→子ども14人分
　　 式　14＋8＝22
　　 　　 子ども22人分が3300円だから，
　　 　　 3300÷22＝150
　　 　　 おとな1人分は，
　　 　　 150×7÷3＝350
　　 答え　おとなは350円，子どもは150円

考え方・解き方

▶**1**は，子ども何人分になるかを求めます。

2は，たての長さを1とすると，横の長さはその2倍で2となります。このとき，まわりの長さは，
　　 (1＋2)×2＝3×2＝6
となり，たての長さの6倍になります。

3は，お母さんの体重は赤ちゃん6人分ですから，お母さんが赤ちゃんをだいているとき，2人の体重を合わせると赤ちゃん7人分になります。

4は，3300円が子ども何人分になるかを求めます。

43 問題の考え方—④（数列）

① 偶数は，かけ算の2のだんの数です。

$$2 \quad 4 \quad 6 \quad 8$$
$$\downarrow \quad \downarrow \quad \downarrow \quad \downarrow$$
$$2×1, \ 2×2, \ 2×3, \ 2×4, \ \cdots$$

よって，35番目は，$2×35＝70$

答え　70

② 1からはじまって，3ずつふえていきます。

1に3を何回たすと100になるかを考えると，

$$(100－1)÷3＝99÷3＝33$$

1に3を33回たしています。

答え　34番目

③ 同じ数をかけたものになっています。

$$1 \quad 4 \quad 9 \quad 16$$
$$\downarrow \quad \downarrow \quad \downarrow \quad \downarrow$$
$$1×1, \ 2×2, \ 3×3, \ 4×4, \ \cdots$$

前から25番目は，$25×25＝625$

答え　625

④ 5からはじまって，4ずつふえています。

5に4を何回たすと193になるかを考えると，

$$(193－5)÷4＝188÷4＝47$$

5に4を47回たしています。

答え　48番目

⑤ 4月1日から12月31日までは，

$$30×4＋31×5＝120＋155＝275（日）$$

1週間は7日だから，7でわって，

$$275÷7＝39余り2$$

4月1日が日曜日のとき，余り2だから，

12月31日は月曜日です。

答え　月曜日

考え方・解き方

▶**1**から，□番目の偶数は，

$$2×□$$

であることがわかります。

$$2, \ 4, \ 6, \ 8, \ 10, \ \cdots$$
$$\downarrow \ \downarrow \ \downarrow \ \downarrow \ \downarrow$$
$$1, \ 3, \ 5, \ 7, \ 9, \ \cdots$$

偶数からそれぞれ1をひくと奇数になるので，□番目の奇数は，

$$2×□－1$$

となります。

5では，4月から12月末まで何週間あるかを考えます。

	日	月	火	水	木	金	土
4月→	1	2	3	4	5	6	7
	8	9	10	11	12	13	14
	⋮	⋮	⋮	⋮	⋮	⋮	⋮
12月→	23	24	25	26	27	28	29
	30	31	←余り2				

$$275÷7＝39余り2$$

より，39週間と2日ですから，上のカレンダーのように，最後の2日の曜日が日，月となります。つまり，12月31日は月曜日となるのです。

日数の計算では，31日まである大の月と，そうでない小の月を正しく覚えておかなければなりません。

大の月は，1月，3月，5月，7月，8月，10月，12月です。小の月は，2月，4月，6月，9月，11月です。小の月では，2月以外は30日で，2月はうるう年なら29日，そうでなければ28日です。

44 問題の考え方 ── ⑤（過不足算）

① 余った10まいを1まいずつ配ると1まい余るから, 配った人数は, 10−1（人）

式　10−1＝9　　答え　9人

② あと8まいあると, 余った13まいと合わせて全員に3まいずつ配ることができます。配る人数を□人とすると,

　3×□＝13＋8

式　（13＋8）÷3＝21÷3＝7

答え　7人

③ 4本ずつだと3本余り, あと15本あると6本ずつ配ることができます。配る人数を□人とすると, 2×□＝3＋15

式　（3＋15）÷2＝18÷2＝9

　1人に4本ずつ9人に配ると3本余るから,

　4×9＋3＝36＋3＝39

答え　39本

④ 11−8＝3より, 余った27cmを3cmずつ全員に分けると, ちょうどなくなります。

式　27÷3＝9

　9人に11cmずつ配るとちょうどなくなるから,

　11×9＝99

答え　99cm

⑤ 8−5＝3より, 1人に3個ずつ配ると, 25−4＝21（個）になります。

式　21÷3＝7より, 7人に配ります。

　おはじきは, 5×7−4＝31（個）

　1人に4こずつ配ると, 余りは,

　31−4×7＝31−28＝3

答え　3個余る

考え方・解き方

▶余ったり, たりなかったりする数量をもとにして, 品物の数や人数を求める問題を過不足算といいます。

2通りの配り方で, 1人あたりのちがいを求め, それが人数分集まると全体としてどれだけのちがいになるかを求めます。それをもとに人数を求め, 品物の数を求めます。

答えが出たら, 問題に合うかどうかを確かめましょう。

たとえば, **3** では, 答えから, 9人で39本のえんぴつを分けることになります。1人に6本ずつとすると,

　6×9−39＝54−39＝15

より, 15本たりません。また, 4本ずつにすると,

　39−4×9＝39−36＝3

より, 3本余ります。問題に合いますから, この答えは正しいです。